新 形 态 教 材
林学专业实践教学系列

森林经理学实习教程

主 编 张 超（西南林业大学）

副主编 王俊峰（西南林业大学）

孔 雷（西南林业大学）

编 者 （按姓氏拼音排序）

孔 雷（西南林业大学）

刘 畅（西南林业大学）

刘 强（河北农业大学）

孟京辉（北京林业大学）

欧光龙（西南林业大学）

王俊峰（西南林业大学）

殷晓洁（西南林业大学）

尹艳豹（东北林业大学）

张 超（西南林业大学）

朱光玉（中南林业科技大学）

主 审 胥 辉（西南林业大学）

黄选瑞（河北农业大学）

中国教育出版传媒集团

高等教育出版社·北京

内容提要

　　本书以森林经理学相关标准及技术规程为导向,分别从测树学基础、森林区划、森林资源调查、森林资源评价、森林经营方案编制 5 个方面,以"概念－方法－案例"的模式介绍了森林经理学的主要实习内容,结合 40 个常用的专题实训,为林学及相关专业的本科生和研究生提供专业的、具体的森林资源经营管理实践实习指导,亦可为林业生产单位相关技术人员提供参考。

　　本书兼具理论性、资料性和实践性,可作为林学及相关专业的本科生和研究生的实践教材及教学参考书,亦可作为森林资源经营管理技术人员的参考书、工具书。

图书在版编目(CIP)数据

　　森林经理学实习教程 / 张超主编 . -- 北京:高等教育出版社,2023.9

　　ISBN 978-7-04-060922-6

　　Ⅰ. ①森… Ⅱ. ①张… Ⅲ. ①森林经理 – 高等学校 – 实习 – 教材 Ⅳ. ① S757-45

中国国家版本馆 CIP 数据核字(2023)第 143761 号

SENLIN JINGLIXUE SHIXI JIAOCHENG

策划编辑 赵晓玉	责任编辑 田 红	封面设计 李小路	责任印制 耿 轩

出版发行	高等教育出版社	网 址	http://www.hep.edu.cn
社 址	北京市西城区德外大街4号		http://www.hep.com.cn
邮政编码	100120	网上订购	http://www.hepmall.com.cn
印 刷	河北信瑞彩印刷有限公司		http://www.hepmall.com
开 本	787mm×1092mm 1/16		http://www.hepmall.cn
印 张	10.5		
字 数	268 千字	版 次	2023 年 9 月第 1 版
购书热线	010-58581118	印 次	2023 年 9 月第 1 次印刷
咨询电话	400-810-0598	定 价	29.00元

本书如有缺页、倒页、脱页等质量问题,请到所购图书销售部门联系调换

版权所有　侵权必究

物 料 号　60922-00

新形态教材·数字课程（基础版）

森林经理学实习教程

主编 张 超

登录方法：

1. 电脑访问 http://abooks.hep.com.cn/60922，或微信扫描下方二维码，打开新形态教材小程序。

2. 注册并登录，进入"个人中心"。

3. 刮开封底数字课程账号涂层，手动输入 20 位密码或通过小程序扫描二维码，完成防伪码绑定。

4. 绑定成功后，即可开始本数字课程的学习。

绑定后一年为数字课程使用有效期。如有使用问题，请点击页面下方的"答疑"按钮。

新形态教材网
Abooks

关于我们 | 联系我们 　　登录/注册

森林经理学实习教程

张 超

开始学习　　　收藏

本数字课程与纸质教材相配套，主要资源包括教学课件和附表，为教师教学和学生实践提供参考。

http://abooks.hep.com.cn/60922

序

我国已经进入新发展阶段，处于全面建设社会主义现代化国家、向第二个百年奋斗目标进军的阶段，这就要求我们必须贯彻新发展理念，构建新发展格局，推动经济社会高质量发展。教育部"六卓越一拔尖"计划2.0系列文件要求，推动新工科、新医科、新农科、新文科建设，做强一流本科、建设一流专业、培养一流人才，全面振兴本科教育，提高高校人才培养能力，实现高等教育内涵式发展。实践教学是巩固理论知识、加深理论认识的有效途径，是培养具有创新意识的高素质人才的重要环节，是理论联系实际、培养学生掌握科学方法和提高动手能力的重要平台，构建与专业人才培养目标相匹配的实践教学体系是稳步推进一流专业建设、培养一流人才的关键。

西南林业大学位于云南省昆明市，地处中国第二大林区——西南林区腹地，是中国西部地区唯一独立设置的林业本科院校。其林学专业办学源于1939年云南大学森林系，1978年招收本科生，先后获批国家第一类特色专业、国家综合改革试点专业、国家卓越农林人才教育培养计划改革试点项目、"双万计划"国家级一流建设专业、云南省本科高校"增A去D"计划一流专业建设专业等。目前已形成以"林学类专业基础实验教学中心"国家级实验示范中心和"楚雄市林业局紫金山林场理科实践教育基地"国家级课外实践教学基地等国家级平台为主的实验实训平台，以及教育部重点实验室、国家林业和草原局重点实验室、工程技术研究中心、长期科研基地及生态定位观测研究站等科研平台相结合的实践教学科研平台。并在云南及周边地区的30余家林场及林业企业建立了教学实习基地，构建了服务林学专业创新型、复合型高层次人才培养的实践教学基地平台。此外，西南林业大学林学教师团队于2016年出版了林学专业系列实践教学教材。随着我国进入新发展阶段，尤其是新农科建设对林学专业实践技能体系提出了更高的要求，与之相匹配的实践教材体系亟须建设。

鉴于此，在云南省本科高校"增A去D"计划一流专业建设专业林学专业、云南省一流建设学科林学学科建设经费资助下，西南林业大学在全面分析评价前期林学专业系列实践教学教材使用情况的基础上，充分吸纳近年来全国林学专业实践教育教学改革成果，邀请北京林业大学、东北林业大学、南京林业大学、中南林业科技大学、西北农林科技大学、浙江农林大学、福建农林大学等高校，以及国家林业和草原局西南调查规划院、云南省林业调查规划院等林业规划单位的专家学者组成编写组，统筹推进林学专业实践教学系列新形态教材编写工作。

　　该系列教材由 1 种林学综合实习教程和 10 种林学专业主干课程实践 / 实习教程组成，系列教材紧紧围绕林学一流专业建设需求，以服务培养一流人才为目标，以森林资源培育、经营、保护与利用为主线，围绕专业主干课程抓住"核"，突出交叉融合实现"新"，强化区位优势打造"特"，进而构建一套对接新发展阶段国家发展战略及生态文明建设和绿色发展需求，融合现代林业创新发展和林业产业全产业链打造的现实需求，服务学生林业全产业链完整专业技能体系搭建的林学专业实践教学系列教材。

西南林业大学校长　王卫斌

2023 年 5 月

前　言

　　森林经理学是林学专业开设的一门实践性很强的必修课程，主要内容包括森林经理的原则及理论模式，如分类经营、近自然林业、森林生态系统经营、法正林、异龄林经营等理论模式，以及森林区划、森林调查、森林评价、森林收获调整、森林经营方案编制等一系列森林资源管理的技术与方法。本教材立足国内林业高等教育中森林经理学课程的重点教学内容，以相关标准及技术规程为导向，利用"概念 – 方法 – 案例"的模式介绍了森林经理学的主要实习内容和具体实践方法。

　　编者总结近年森林经理学教学和研究工作的成果编写了本教材，兼具理论性、资料性和实践性。全书分为两部分：第一部分通过测树学基础、森林区划、森林资源调查、森林资源评价、森林经营方案编制 5 章，系统介绍了森林经理学涉及的主要技术与方法；第二部分选取了 40 个常用的专题实训案例，以独立知识点的形式阐述了森林经理学领域常见的实践应用。同时，配以立木材积公式、形高公式、树高曲线方程及各类常用的调查用表，可为林学及相关专业的本科生和研究生提供专业的、具体的森林资源经营管理实习指导，亦可成为林业生产单位相关技术人员的有益参考。

　　本教材由西南林业大学与北京林业大学、中南林业科技大学、东北林业大学、河北农业大学等高等院校相关专家合作编写。编者参阅、借鉴了国内外文献、著作和网络资源等，在此谨向参与编写本教材的各位专家学者以及相关资源的作者致以诚挚的谢意！初稿完成后，由西南林业大学的胥辉教授和河北农业大学的黄选瑞教授进行了审阅，提出了很多宝贵的意见和建议，在此表示衷心的感谢！

　　尽管在编著过程中努力追求完善，书中难免出现不当和疏漏之处，敬请广大读者提出批评和改进意见。

编者

2023 年 6 月

目 录

专题实训

附表

主要参考文献

第一章

测树学基础

第一节 | 单木测树因子

一、树干直径

1. 定义

树干直径（tree diameter）是指垂直于树干横断面的直径，用 D 或 d 表示，测量单位是厘米（cm）。树干直径随其在树干上位置的不同而变化，从根颈（即树根与树干的交接处）至树梢其树干直径呈现出由大到小的变化规律。树干直径分为带皮直径和去皮直径两种。

位于距根颈 1.3 m 处的树干直径称为胸高直径（diameter at breast height），简称胸径，用 DBH 或 $D_{1.3}$ 表示，测量单位是厘米（cm），一般精确至 0.1 cm。胸径在立木条件下容易测定，且树干在此高度处受根部扩张影响一般已较小，是一个重要的测树因子。各国对胸高位置的规定略有差异，例如我国和多数欧洲国家取 1.3 m，美国和加拿大取 4.5 英尺（约 1.37 m）。在我国，林木调查的起测胸径为 5.0 cm。

2. 方法简述

测量树干直径可采用直径卷尺、轮尺或钩尺等工具，其中，直径卷尺因其便携、成本低等特点，是测量树干直径的最常用工具。根据制作材料的不同，直径卷尺又有布卷尺和钢卷尺之分。利用直径卷尺（图 1-1）可以测量树干的周长（下方刻度）和直径（上方刻度），一般精确至 0.1 cm。

图 1-1　直径卷尺

3. 案例

在不同情况下测量胸径（图1-2）的操作方法如下：

（1）须将卷尺拉紧且平围树干后读数，应使卷尺围在同一水平面上，防止倾斜。

（2）位于平地的胸高指距地面1.3 m处，位于坡地的胸高以坡上方1.3 m处量测。

（3）胸高处的树干若出现节疤、分叉、凹凸或其他不正常情况时，可在胸高断面上下距离相等且干形较正常处分别量测直径2次，取其算术平均值作为胸径值。

（4）在胸高以下分叉的林木，可视为独立的2株林木，分别量测其胸径。

（5）具有板根的林木，在板根上方正常处量测直径，并记录其测量高度。

（6）倾斜或倒伏的林木，从倾斜下方至1.3 m处量测直径；倒伏树干上若有萌发枝条，仅测量距根颈1.3 m以内的枝条。

（7）树干表面附有藤蔓、绞杀植物或苔藓等，需去除后再量测。

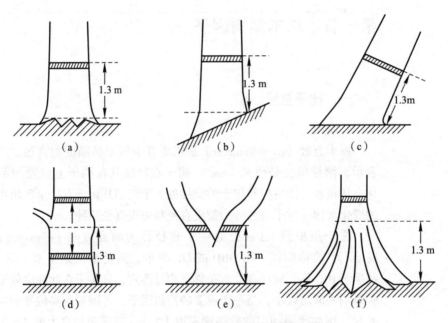

图1-2 不同情况下的胸径测量位置

二、树高

1. 定义

树干的根颈至主干梢顶的长度称为树高（tree height），用H或h表示，测量单位是米（m），一般精确至0.1 m。

树高可划分如下3种类型：①全高，即地面至主干梢顶的垂直距离。②干高，即地面至树冠点间的距离，树冠点是形成树冠的第一活枝或死枝的位置。干高表示树木无节的主干高度。③商用材高，即地面与树木最后有用部位末端间的距离。

2. 方法简述

树高一般使用测高器测量。测高器的种类较多，但其测高原理基本相同，分为三角函数或相似三角形二种。常用的测高器包括布鲁莱斯（Blume-Leiss）测高器（图1-3～图1-5）和

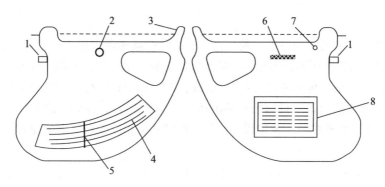

图 1-3 布鲁莱斯测高器的主要构造

1. 制动钮 2. 视距器 3. 瞄准器 4. 刻度盘 5. 指针 6. 滤色镜 7. 启动钮 8. 修正表

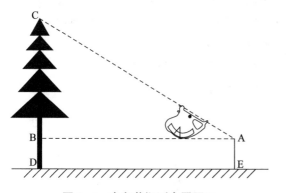

图 1-4 布鲁莱斯测高器原理

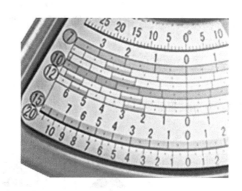

图 1-5 布鲁莱斯测高器刻度盘（SRC-1/30 型）

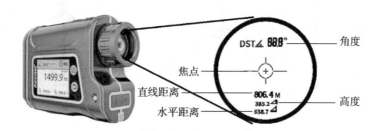

图 1-6 激光测高测距仪

超声波/激光测高测距仪等（图 1-6）。

全树高 H 为：
$$H = AB \times \tan\alpha + AE \tag{1-1}$$

式中：AB 为水平距离；H = CB + BD；AE 为眼高（即仪器高）；α 为仰角。

  布鲁莱斯测高器的优点是操作简单、易于掌握，在视角等于 45° 时，精度较高，但需要测量树木至测点的水平距离。利用布鲁莱斯测高器测量树高的主要步骤为：①测定水平距离；②按下启动钮，使指针自由下垂，用瞄准器对准主干梢顶，待指针不再摆动后，按下制动钮，固定指针，读数；③测量测高器高度（眼高）；④读数加上测高器高度即为全树高 H。在布鲁莱斯测高器的刻度盘上（图 1-5），分为若干种不同水平距离的高度刻度。测高时，首先测量测点至待测林木的水平距离 AB，且要等于刻度盘上的设定距离（图 1-5 为 7 m、10 m、12 m、

15 m 或 20 m）。

近年来，随着技术的不断发展，超声波/激光测高器逐渐应用于树高和距离的测量工作中，其测高原理与布鲁莱斯测高器相同。依靠机器自身的水平仪自动测定仰角 α；向目标射出脉冲激光或超声波，根据传播速度和信号回收时间差自动计算从测点至目标的直线距离；基于三角函数自动计算从测点至目标的水平距离和目标高度（图 1-6）。超声波/激光测高器具有重量轻、体积小、操作简单、速度快等优势，但其测量精度受环境影响较大。

3. 案例

（1）在平地上测高（图 1-4）时：测者立于测点，按下启动钮，使指针自由下垂，用瞄准器对准主干梢顶，即按下制动钮，固定指针，在刻度盘上读出对应于该水平距离的数据 CB，再加上测者眼高 AE，即为全树高 H。

（2）在坡地上测高（图 1-7）时：先观测主干梢顶，求得 h_1，再观测树基，求得 h_2，若二次观测角度正负号相异时（仰角为正，俯角为负），如图 1-7（a）。则全树高 H 为：

$$H = h_1 + h_2 = S\left(\tan\alpha + \tan\beta\right) \tag{1-2}$$

若二次观测角度正负号相同时，如图 1-7（b）或图 1-7（c），则全树高 H 为：

$$H = |h_1 - h_2| = S|\tan\alpha - \tan\beta| \tag{1-3}$$

式中：S 为水平距离。

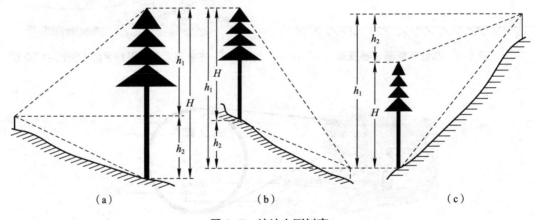

（a）　　　　　　　　　（b）　　　　　　　　　（c）

图 1-7　坡地上测树高

三、树木冠幅

1. 定义

树木冠幅（tree crown width）是指树冠宽度的大小，即树木枝条能够达到的最大幅度/距离，用 c 表示，测量单位是米（m），一般精确至 0.1 m。根据树冠覆盖直径的 2 个方向（南北/东西、最长/最短）或多个方向的测量值，计算其算术平均值即为该树木的冠幅。

树木冠幅的大小因树种的生物学特性而异，同时与生长条件有关，如孤立木的冠幅大于林木的冠幅。在空地上生长的树木称为自由树，自由树的冠幅与树木胸径之间常呈现显著的线性正相关。树木树冠外围可接受太阳光线照射的树冠表面积称为树冠采光面积（light-receiving area of crown）。

2. 方法简述

假设树木冠幅的形状为圆形，测量该圆形在南北和东西方向或者更多方向的水平距离（直径），然后取所有测量值的算术平均值作为该树木的冠幅。在现实林分中，树木的生长常呈现竞争关系和趋光性，树木冠幅的形状不规则，因此，亦可测量最长和最短方向的水平距离（直径），取其算术平均值作为该树木的冠幅。

3. 案例

（1）考虑竞争空间的冠幅测量法：测量工作需要2人完成。树冠的西、东、南、北4个边缘在地面的垂直投影点分别为W、E、S、N，测量员甲站在树基O点执皮尺的起始端，使皮尺的起始端与树木根颈密接，测量员乙拉皮尺至W点记录距离d_1，然后依照同样的方法测量O点至E、S、N间的距离得d_2、d_3、d_4，即d_1、d_2、d_3、d_4分别为树木中心点到树冠西、东、南、北边缘在地平面垂直投影的距离，则树木冠幅c计算方法如下：

$$c = d_0 + \frac{\sum_{i=1}^{4} d_i}{2} \qquad (1-4)$$

式中：d_0为树木根颈直径。

（2）不考虑竞争空间的冠幅测量法：测量工作需要2人完成。对于地势平坦、林木个体在空间分布均匀的树木，可直接测量南北和东西方向的树冠边缘投影，取其算术平均值作为冠幅。不考虑竞争空间的冠幅测量法由于少测量2次距离和1次根颈，在效率上显著提高。测量员甲将皮尺的起始点对准地面的W，测量员乙拉皮尺到E，读数得到东西向距离L_{ew}；同样方法测量得南北向距离L_{sn}，则树木冠幅c计算方法如下：

$$c = \frac{L_{ew} + L_{sn}}{2} \qquad (1-5)$$

四、树木年龄

1. 定义

树木自种子萌发后生长至今的年数称为树木年龄（tree age），用A表示，测量单位是年（a）。由于树木形成层受季节变化产生周期性生长导致树木年轮（tree annual ring）的形成。在温带和寒温带，多数树木的形成层在生长季节（春/夏）向内侧分化的次生木质部细胞具有生长迅速、细胞大而壁薄、颜色浅等特点，称为早材（春材），其宽度占整个年轮宽度的主要部分；在秋、冬季，形成层的增生现象逐渐缓慢或趋于停止，导致在生长层外侧部分的细胞小、壁厚而分布密集，木质颜色较内侧显著加深，称为晚材（秋材）。晚材与下一年生长的早材之间形成明显界限，即为通常用来划分年轮的界限。因此，年轮是树干横断面上由早材和晚材形成的同心"环带"。在一年中，仅有一个生长盛期的温带和寒温带，其根颈处的树木年轮数即为树木年龄。

2. 方法简述

（1）年轮法。在正常情况下，树木每年形成一个年轮，直接查数树木根颈位置的年轮数即为树木年龄。若查数年轮的断面高于根颈位置，则需将数得的年轮数加上树木长到此断面高所需的年数。树干任意高度横断面上的年轮数表示该高度以上的年龄。如有必要，可利用交叉定年的方法检查是否存在年轮消失、伪年轮或断轮现象。尽管某些年份年轮分辨不清，或者根本没有形成，但通过交叉定年可为每一年轮确定其形成的正确年代。

（2）生长锥测定法。若不能伐倒树木或现地没有伐桩时，可用生长锥测定树木年龄。生长锥（increment borer）是测定树木年龄和直径生长量的专用工具，由锥柄、锥筒和取芯器3部分构成（图1-8）。

（3）查数轮生枝法。某些针叶树种，如松树、云杉、冷杉等，一般每年在树的顶端生长一轮侧枝称为轮生枝。这些树种可直接查数轮生枝的环数及轮生枝脱落（或修枝）后留下的痕迹来确定年龄。使用该方法确定幼小树木年龄（人工林小于30年，天然林小于50年）较为准确，对老树则精度较差。需要注意的是，树木受环境因素或其他原因影响，有时可能出现一年形成二层轮枝的二次高生长现象。

（4）查阅造林技术档案或访问的方法。该方法对确定人工林的年龄是最可靠的方法。

（5）目测法。位于同一立地条件及采用同法抚育经营的林木，其生长状况大致相同。由从事森林调查工作并具有丰富经验的人员通过观察树木的生长状态（包括直径、树高、树冠和树皮等）而判断其大致年龄。目测年龄时应注意：应区别被压木与支配木，二者不可混同；立地条件对树木生长具有影响作用，立地条件好则生长速度快，立地条件差则生长缓慢；同径同高的树木，树冠为圆形则年龄大，树冠为圆锥形则年龄小；向阳树木的年龄虽小，其树皮较粗糙。

3. 案例

（1）利用生长锥测定树木年龄：①先将锥筒安装于锥柄的方孔内，右手握锥柄中部，左手扶住锥筒以防摇晃；②在待测木树干适宜操作的高度垂直于树干表面将锥筒先按压入树皮，而后用力按顺时针方向平稳旋转，待转过髓心为止；③将取芯器插入锥筒稍许逆转以折断木芯并取出［图1-8（b）］，木芯上的年龄数，即为转点以上的树木年龄；④最后加上由根颈至转点高度所需的年数，即为树木年龄A。

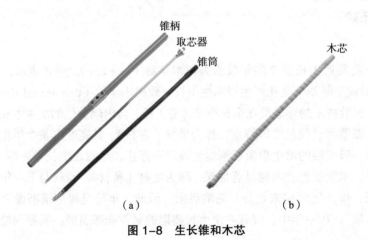

（a）　　　　　　　　　　（b）

图1-8　生长锥和木芯

（2）查数年轮确定树木年龄：①由髓心向外计数年轮数，得到该高度横断面上的年龄（图1-9）；②加上树木长到此横断面高度所需的年数，即为树木年龄A。

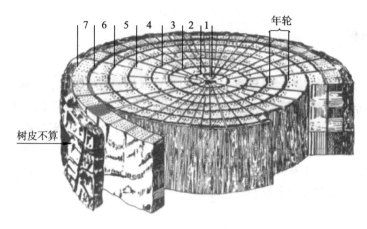

图 1-9　查数年轮

五、树干断面积

1. 定义

假设通过树干中心有一条纵轴线，称为干轴，与干轴垂直的切面称为横断面，其面积即为树干断面积（tree basal area）。同树干直径一样，树干断面积随其在树干上的位置不同而变化，从根颈至主干梢顶的树干断面积呈现由大到小的变化规律。其中，位于胸高处的树干断面积称为胸高断面积（basal area of breast-height），用 g 或 $g_{1.3}$ 表示，测量单位是平方米（m^2），单木胸高断面积一般精确至 $0.001\ m^2$。树干断面积是计算树干材积的重要参数之一。

2. 方法简述

客观上，树干断面不是规则的圆形，而是受到生境等影响形成偏斜、不规则的形状。为了简化量测和计算，将树干的横断面视为圆形，树干的平均粗度作为横断面的直径，利用圆面积公式计算树干断面积如下：

$$g = \frac{\pi}{4} d^2 \tag{1-6}$$

式中：g 为树干断面积；d 为树干直径。

3. 案例

将一株思茅松伐倒后，从伐根开始，每隔 2 m 测量树干直径，分别计算各位置的树干断面积，结果如表 1-1 所示。

表 1-1　树干断面积计算

断面高 /m	伐根	2.0	4.0	6.0	8.0	10.0	12.0	14.0	16.0
树干直径 /cm	24.0	19.3	18.3	16.5	15.7	13.9	11.5	8.8	5.8
树干断面积 /m²	0.045	0.029	0.026	0.021	0.019	0.015	0.010	0.006	0.003

六、树干材积

1. 定义

材积是"木材体积"的简称，指任何形式的木材体积，包括立木、原木、原条和方材等。广义的材积还包括枝丫、伐根等。狭义的材积指树干材积，是自根颈（伐根）以上树干的体积（volume），用 V 表示，测量单位是立方米（m^3），单木树干材积一般精确至 $0.001\ m^3$。材积的测算以单木为对象，全林分树干材积的总和称为林分蓄积量（stand volume，仅指尚未采伐的森林），简称蓄积，用 M 表示。树干材积是经济利用的主要部分，因此对于树干材积和蓄积的测算是各类森林资源调查的主要和重点任务。

2. 方法简述

准确测定单木材积需要将待测木伐倒，实践中常使用中央断面区分求积式或平均断面区分求积式计算单木树干材积。区分求积式的主要目的是为了提高树干材积的测算精度。根据树干形状变化的特点，将树干区分成若干等长或不等长的区分段，使各区分段干形更接近于正几何体，分别用近似求积式测算各分段材积，再将各段材积合计可得全树干材积。

多数情况下，因不具备伐木条件，或受限于工作量和调查成本，需要近似估算立木材积，实践中常使用胸高形数法或实验形数法计算单木树干材积。同时，利用大样本建立的一元立木材积表或二元立木材积表中的经验拟合模型，可估算单木树干材积的期望值。

（1）伐倒木树干材积测算方法。将树干按一定长度分为 n 个区分段，计算各区分段的材积及梢头材积，合计即为全树干材积。在树干的区分求积中，梢端不足的部分视为梢头，用圆锥体公式计算其材积，即 $V' = (g'l')/3$（式中：V' 为梢头材积；g' 为梢头底端断面积；l' 为梢头长度）。根据区分段材积的计算方法，伐倒木的区分求积式分为中央断面区分求积式和平均断面区分求积式 2 种。

① 中央断面区分求积式：通过测量每个区分段的中央断面直径，利用中央断面近似求积式求算各分段材积，如图 1-10 所示，全树干材积为：

$$V = l\sum_{i=1}^{n} g_i + \frac{1}{3}g'l' \tag{1-7}$$

式中：g_i 为第 i 区分段的中央断面积；n 为区分段个数；l 为区分段长度；l' 为梢头长度。

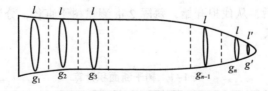

图 1-10 中央断面区分求积

② 平均断面区分求积式：通过测量每个区分段的上底和下底断面直径，利用平均断面近似求积式求算各区分段材积，全树干材积为：

$$V = \left[\frac{1}{2}(g_0 + g_n) + \sum_{i=1}^{n-1} g_i\right] \times l + \frac{1}{3}g_n l' \tag{1-8}$$

式中：g_0 为树干底端断面积；g_n 为梢头断面积；g_i 为各区分段之间的断面积；l 为区分段长

度；l' 为梢头长度。

在同一树干上，某一区分求积法的精度主要取决于区分段数量 n 的多少。区分段数量越多，每个区分段长度 l 越小，则树干材积测算结果的精度越高，但测定和计算的工作量越大。当区分段数量在 5 个以上时，误差减少的趋势逐渐趋于平稳。因此，区分段一般以不少于 5 个为宜。为了测定和计算方便，区分段长度常为 2 m 或 1 m。

比较伐倒木的中央断面区分求积式和平均断面区分求积式的精度验证结果，与对应的伐倒木近似求积式相同，中央断面区分求积式计算结果多出现负向误差，而平均断面区分求积式多出现正向误差。

（2）立木树干材积测算方法。在测定立木较容易测量的因子的基础上（如胸径、树高），根据此因子的测定值，常使用胸高形数法或实验形数法测算单木树干材积，或通过树干材积与该因子的经验拟合模型，估算单木树干材积。

形数即树干材积与比较圆柱体体积之比。比较圆柱体的断面为树干上某一固定位置的断面，高度为全树高，其数学表达式为：

$$f_x = \frac{V}{V'} = \frac{V}{g_x h} \tag{1-9}$$

式中：f_x 为以干高 x 处断面为基础的形数；V 为树干材积；V' 为比较圆柱体体积；g_x 为干高 x 处的横断面积；h 为全树高。

以胸高断面为比较圆柱体的横断面的形数称为胸高形数，以 $f_{1.3}$ 表示，其数学表达式为：

$$f_{1.3} = \frac{V}{g_{1.3} h} = \frac{V}{\frac{\pi}{4} d_{1.3}^2 h} \tag{1-10}$$

式中：$f_{1.3}$ 为胸高形数；V 为树干材积；$g_{1.3}$ 为胸高断面积；h 为全树高；$d_{1.3}$ 为胸高直径。

实验形数的比较圆柱体的横断面为胸高断面，其高度为全树高（h）加 3 m，其数学表达式为：

$$f_{\partial} = \frac{V}{g_{1.3}(h+3)} \tag{1-11}$$

式中：f_{∂} 为实验形数；V 为树干材积；$g_{1.3}$ 为胸高断面积；h 为全树高。

① 胸高形数法：测定立木胸径和树高，计算胸高形数 $f_{1.3}$，全树干材积为：

$$V = f_{1.3} \times g_{1.3} \times h \tag{1-12}$$

式中：V 为树干材积；$f_{1.3}$ 为胸高形数；$g_{1.3}$ 为胸高断面积；h 为全树高。

② 实验形数法：测定立木胸径和树高，计算实验形数 f_{∂}，全树干材积为：

$$V = f_{\partial} \times g_{1.3} \times (h+3) \tag{1-13}$$

式中：V 为树干材积；f_{∂} 为实验形数；$g_{1.3}$ 为胸高断面积；h 为全树高。

③ 材积表法：材积表是测树数表的一种，基于对大样本样木的调查数据，建立不同生境条件、不同起源、不同树种的单木树干材积与某调查因子的数学模型，利用此数学模型可推算单木树干材积的数学期望值，具有计算简便的优点，常用于较大范围的林分蓄积量调查。常用的材积表包括一元材积表（胸径）、二元材积表（胸径和树高）和三元材积表（胸径、树高和干形）。附表一和附表二列出了云南省境内主要树种的一元立木材积公式和二元立木材积公式。

3. 案例

以平均断面区分求积式为例，测量并计算一株思茅松的伐倒材积，主要操作步骤如下：

（1）外业调查。①按要求选定合适的待测木；②伐倒；③利用皮尺从伐根量测至树梢顶部，得到树高值；④以 2 m 为一个区分段，利用直径卷尺分别测定伐根、2 m、4 m、6 m、……处的树干断面直径，最后一段不足一个区分段长度，划为梢头。

（2）内业计算。按表 1-2 格式分别计算各断面的断面积、区分段材积、梢头材积，将各区分段材积与梢头材积累加，计算该思茅松的伐倒树干材积。

（3）注意事项。①伐倒树木时，要尽可能紧贴地面，防止伐桩过高，影响计算结果；②区分段的长度一般以 2 m 为宜，亦可根据实际情况选取其他长度，或者根据树干不同部位选取不同的区分段长度，比如树干下部可采取 1 m 为一个区分段，上部按 2 m 为一个区分段；③不足一个区分段的部分可划为梢头，亦可按实际情况进一步区分，如表 1-2 中数据，18.0～19.8 m 划为梢头，也可将 18.0～19.0 m 划为一个区分段，19.0～19.8 m 划为梢头，可提高其计算精度。

表 1-2　平均断面区分求积式计算思茅松伐倒木材积

①划分区分段	②距伐根的高度 l/m	③直径 d/cm		④断面积 g/m^2		⑤区分段材积 V/m^3
2 m 为区分段	皮尺测定	直径卷尺测定		$g = \pi \times d^2/40\,000$		$V =$ 相邻 2 个断面积之和 × 区分段长度 /2
0.0	0.0（伐根）	d_0	24.0	g_0	0.045	—
0.0—2.0	2.0	d_1	19.3	g_1	0.029	0.075
2.0—4.0	4.0	d_2	18.3	g_2	0.026	0.056
4.0—6.0	6.0	d_3	16.5	g_3	0.021	0.048
6.0—8.0	8.0	d_4	15.7	g_4	0.019	0.041
8.0—10.0	10.0	d_5	13.9	g_5	0.015	0.035
10.0—12.0	12.0	d_6	11.5	g_6	0.010	0.026
12.0—14.0	14.0	d_7	8.8	g_7	0.006	0.017
14.0—16.0	16.0	d_8	5.8	g_8	0.003	0.009
16.0—18.0	18.0（梢底）	d_9	3.0	g_9	0.001	0.003
18.0—19.8（梢头）	树高 H = 19.8	梢头长 1.8 m，材积按圆锥体				0.000
⑥材积 = 各区分段材积累加 + 梢头材积　$V = 0.307$ m^3						

注：①②③为外业调查顺序；④⑤⑥为内业计算顺序。

七、树木生物量

1. 定义

树木生物量（tree biomass）指单位面积内一定时间或某一时刻活立木所累积的有机物质的质量（干重）总和，测量单位是 kg/m^2 或 t/hm^2。树木生物量可分为地上生物量（aboveground biomass）和地下生物量（underground biomass），地上生物量包含树干、树枝、树叶、花、果实等的质量总和（干重），地下生物量则指根系的质量（干重）。

2. 方法简述

（1）外业取样测定法。由于树木生物量各组成部分的差异，常采用不同器官分别调查的方法，并包含外业鲜重测定和实验室干重测定2个部分。①现地对立木各器官的样品分别进行称重，得到不同器官的鲜重；②选择部分样品带回室内烘干，采用木材密度法测定树干干重，采用标准枝法测定树枝、树叶干重。其中，木材密度测定通常有直接量测法、水银测容器法、排水法、快速测定法和含水率法。干重测定时，将样品放入烘箱内，在一定温度下（55～105℃）烘干至恒重，从而得出不同器官的含水率或干物质率。

（2）数学估算法。由于树木生物量测定困难，且具有破坏性，因此采用适宜的数学估算方法对树木生物量估算至关重要。目前常用的主要有树木生物量估算模型法或基于林木相对生长关系的生物量因子估算法。①树木生物量估算模型的建立包含模型结构的确定和参数估计方法的选择，模型结构常采用线性、非线性和多项式模型；选择的解释变量多为胸径、树高、冠幅、冠长等易测因子，而具体的选入变量常因不同器官而异。线性模型可用最小二乘估计程序估计，非线性模型和多项式需要采用参数估计的迭代程序，而对于具有乘数误差项的模型可以转换为具有加性误差的线性模型。为了解决树木生物量各分量和总量单独拟合带来的不相容问题，可采用线性联立方程组方法、非线性联合估计和似乎不相关回归方法等进行拟合。此外，树木生物量数据常表现出异方差性，在诸多生物量模型中可采用加权回归估计以消除异方差。②生物量因子估算是基于林木生长的相对生长关系，树木各器官之间的生物量呈现一定的比例关系，利用这些比例关系的比值通过易测器官部分（如木材）生物量估算其他器官生物量，常用的生物量因子包含生物量扩展因子、生物量转换与扩展因子、根冠比等。

3. 案例

以外业取样测定法为例，测量并计算树木生物量，主要操作步骤如下：

（1）样木选取和采伐。①标准样木选取。根据建模样本的分配要求，按胸径和树高2项因子进行控制，分别不同径阶和不同树高级选取标准样木。选择的标准样木，应为没有发生断梢、分叉的生长正常的树木，且其冠幅、冠长亦需具有代表性，不应选择林缘木或孤立木。②伐前测量。样木采伐前，应再次准确测量胸径，同时测定根径（地径）；然后按南北、东西（或最宽、最窄）2个方向测量冠幅。③样木采伐。伐前测量完成后，方可实施采伐。大径级样木的采伐应控制树干倒向，尽量不伤及样木周围的林木。样木伐倒后，用皮尺测量树高和树干基部至第一正常活枝处的长度（枝下高）。

（2）树冠鲜重测定和取样。①树冠测量。将全部树枝从树干上砍下。综合考虑树枝所处位置及其大小和数量，将树枝分为上、中、下3层，先将全部死枝单独挑出，并收集采伐过程中掉落的死枝，称其总重量，然后分别称取各层带叶活枝（含花、果，下同）的总鲜重。如果树枝上有藤本、苔藓等附着物，应予以清除。从每一层枝条中选取大小和长度居中、生长良好、叶量中等的3个标准枝，将标准枝摘叶（含花，下同）后，分别称其枝重和叶重。根据每层标准枝鲜重的枝、叶比例和各层枝叶总鲜重，推算每层的枝、叶鲜重和整个树冠的枝、叶鲜重：

$$第 i 层枝的鲜重 = \frac{第 i 层标准枝的枝鲜重}{第 i 层标准枝的枝叶总鲜重} \times 第 i 层枝叶总鲜重 \qquad (1-14)$$

$$第 i 层叶的鲜重 = \frac{第 i 层标准枝的叶鲜重}{第 i 层标准枝的枝叶总鲜重} \times 第 i 层枝叶总鲜重 \qquad (1-15)$$

②树冠取样。从每层去叶标准枝中选取 500 g 以上有代表性的样品，称其鲜重；将各层标准枝上的树叶混合，选取 500 g 以上的样品，称其鲜重；在死枝中选取 500 g 以上有代表性的样品，称其重量。将树枝、树叶和死枝样品分别装入布袋，并对样品进行编号。对于小径阶样木（尤其是胸径 5 cm 以下的幼树），如果样木的树枝数量较少，可不分层取样；样品重量亦可酌情减少，但一般要求 300 g 以上；不够 300 g 时，则全部取样。

（3）树干测量和取样。①树干测量。采用全干称重法测量树干鲜重，在称重前，先根据所测树高将树干分为 11 个区分段，测定各区分段（代号分别为 0、0.5/10、1/10、2/10、3/10、……、9/10）的带皮直径，如果树干上有藤本、苔藓等附着物，测量前应予以清除。对于小径阶样木，可一次性称取整个树干的重量；对于大径阶样木，一般应分段称重。不论样木大小，均应分成上（5/10 树高以上）、中（2/10 ~ 5/10 树高之间）、下（0 ~ 2/10 树高之间）3 段分别称其鲜重。鲜重测量误差应控制在 1% 以内。树干称重完成后，测定 11 个相对高度处的皮厚，其中，去皮直径等于带皮直径减 2 倍皮厚。方便直接测定去皮直径的，应先测定去皮直径，再推算皮厚。②树干取样。在 1/10、3.5/10、7/10 树高处二边，分别锯取 2 个 3 ~ 5 cm 厚圆盘（用 A、B 标识，下、中、上共 6 个），重量不少于 500 g。树干较大（如直径大于 30 cm）时，仅需靠下侧锯 1 个圆盘，然后再截取 30° 以上的 2 个扇形块（扇形块的 2 条边线相交于圆盘的髓心）；树干较小（如直径小于 6 cm）时，仅需以 1/10、3.5/10、7/10 树高处为中点，各截取一个圆盘或一段树干作为样品。准确测定每个圆盘或扇形块的鲜重，尽快将树皮剥离后再次称重，得到木材鲜重及树皮鲜重（树皮鲜重 = 树干鲜重 – 木材鲜重）。将木材样品和树皮样品分别装入小布袋，并对样品进行编号。

（4）树根鲜重测定和取样。①树根测量。乔木树种选取 1/3 样木进行地下生物量的测定，并要求样本单元数按取样径阶均匀分配，且每一径级的样木应尽量均匀分配在不同的树高级（如需求每一径阶总的样本数为 15 株，则选取 5 株进行树根测定，按 5 个树高级各取 1 株）。采取全挖法测定样木的地下生物量。选取样木时一般应避开岩石多或石砾含量高的地段。对于深根性树种，样木一般应选在坡度较大的地段；对于浅根性树种，应沿根系走向挖开，不要与林地中其他树木的根系混淆。若遇少量树根确实难以全部挖出时，可用相同横断面的树根代替，或按横断面比例作为系数进行推算。大径级样木的细根测定，可采用 2 分法或 4 分法，通过 1/2 或 1/4 范围内挖去细根的数量按比例推算。在根系全部挖出后，分别根茎（主根）、粗根（直径≥10 mm）、细根（2 mm≤直径<10 mm）称其鲜重。②树根取样。分别根茎、粗根、细根各取代表性样品 500 g 以上（取样方法与树干、树枝类似，其中，根茎取圆盘，粗根和细根取样段），称其鲜重。将树根样品分别装入布袋，并对样品进行编号。

（5）含水率测定。将外业采集的样品按流程依次分批放入烘箱，先在 85℃恒温下烘 12 h 或 24 h 进行第一次称重（直径 10 cm 以下样品和树皮、树叶样品烘 12 h，直径 10 cm 以上样品烘 24 h）；后在 85℃恒温下继续烘烤，每隔 2 h 称重 1 次，依次记录。当最近 2 次重量相差 <1% 时，停止烘烤，将样品取出放入玻璃干燥器皿内，冷却至室温称其干重，根据各样品的干 / 鲜重计算其干物质率和含水率。

（6）树木生物量计算：

①树干生物量和密度计算。根据树干上、中、下 3 部分鲜重和相应的含水率计算树干生物量，再根据上、中、下 3 部分树干生物量中木材占比 R_i（指树干样品中木材生物量占树干生物量的比例）计算木材生物量和树皮生物量。

$$木材生物量 = \sum（树干生物量_i \times R_i）（i = 1，2，3） \tag{1-16}$$

$$树皮生物量 = 树干生物量 － 木材生物量 \tag{1-17}$$

② 树干密度（基本密度）计算。根据树干生物量和树皮生物量计算。

$$树干密度 = 树干生物量 \div 带皮材积 \tag{1-18}$$

③ 树冠生物量计算。根据上、中、下 3 层的树枝鲜重、树叶总鲜重和死枝鲜重，分别用各自的含水率计算。

$$树叶生物量 = 树叶鲜重 \times（1 － P_{树叶}） \tag{1-19}$$

$$死枝生物量 = 死枝鲜重 \times（1 － P_{死枝}） \tag{1-20}$$

$$树冠生物量 = 树枝生物量 + 树叶生物量 + 死枝生物量 \tag{1-21}$$

$$树枝生物量 = \sum\left[树枝鲜重_i \times（1 － P_i）\right]（i = 1，2，3） \tag{1-22}$$

④ 树根生物量计算。根据根茎、粗根、细根的鲜重，分别用各自的含水率计算。

$$根茎生物量 = 根茎鲜重 \times（1 － P_{根茎}） \tag{1-23}$$

$$粗根生物量 = 粗根鲜重 \times（1 － P_{粗根}） \tag{1-24}$$

$$细根生物量 = 细根鲜重 \times（1 － P_{细根}） \tag{1-25}$$

⑤ 全树生物量计算。分别按前述方法计算树干、树冠和树根生物量；树干和树冠生物量合计为地上生物量，再加上树根生物量（地下生物量）得到全树生物量。

第二节 | 林分调查因子

一、平均胸径

1. 定义

平均胸径（average diameter at breast height）是反映林分内林木粗度的基本指标，是林分平均胸高断面积所对应的直径，常用 D_g 表示，单位是厘米（cm），一般精确至 0.1 cm。平均胸径可用于描述林分断面积的生长状况，反映林木利用生长空间的程度，它不是林木胸径的平均水平，而是林木胸高断面积的平均水平。

在林分调查中，为了简化测算工作，常按林木胸径值的大小进行整化分组，所分的组称为径阶（diameter class），各组的中值即为径阶值，各组的数值跨度即为阶距。将各测量林木的胸径归入径阶时，通常采用上限排除法。

2. 方法简述

（1）平均胸径。是林分内各株树木胸径平方的平均数，计算方法如下：

$$D_g = \sqrt{\frac{1}{N}\sum_{i}^{N} d_i^2}$$ （1-26）

式中：D_g 为平均胸径；N 为林木总株数；d_i 为第 i 株林木的胸径。

（2）算术平均胸径。是林木胸径的算术平均数，常用 $\bar{d}$ 表示，分析林木粗度的变化、进行胸径生长比较以及用数理统计方法研究林分结构时，一般采用林分的算术平均胸径，计算方法如下：

$$\bar{d} = \frac{1}{N}\sum_{i=1}^{N} d_i$$ （1-27）

需要注意的是，在无特殊限定的条件下，平均胸径应采用公式（1-26）计算。平均胸径 D_g 永远大于算术平均胸径 $\bar{d}$。

3. 案例

以某亚热带天然米槠林标准地调查数据（表 1-3）为例，计算平均胸径，其主要步骤和计算方法如下：

（1）依据每木检尺结果，计算标准地内全部林木胸高断面积的总和 G 及平均断面积 $\bar{g}$，即：

$$G = \sum_{i=1}^{N} g_i$$ （1-28）

$$\bar{g} = \frac{G}{N}$$ （1-29）

（2）计算与平均断面积 $\bar{g}$ 相对应的直径即为林分的平均胸径 D_g：

$$D_g = \sqrt{\frac{4}{\pi}\bar{g}}$$ （1-30）

在标准地调查中，每木检尺时林木胸径多以整化径阶记录，此时标准地内全部林木胸高断面积的总和为 G：

$$G = \sum_{i=1}^{k} n_i g_i$$ （1-31）

则林分的平均胸径为：

$$D_g = \sqrt{\frac{4}{\pi}\frac{G}{N}} = \sqrt{\frac{1}{N}\sum_{i=1}^{k} n_i d_i^2}$$ （1-32）

式中：k 为径阶个数，n_i 为第 i 径阶内的林木株数。

二、平均高

1. 定义

因调查对象和要求不同，林分高通常可分为林分平均高和优势木平均高两种。林分平均高（average height of stand）是指林分内所有达到起测径阶林木的平均高度，单位是米（m），一般精确至 0.1 m，分为条件平均高和加权平均高两种。为了评定立地质量，在林分内选测一些最粗大的优势木或亚优势木树高，计算得到的算术平均值称为优势木平均高。

以横坐标表示直径、纵坐标表示树高，将林分内各径阶的算术平均高依径阶绘制在二维

表 1-3 某天然米槠林标准地每木调查数据

树号	树种	胸径 /cm	树高 /m	树号	树种	胸径 /cm	树高 /m
1	米槠	29.7	14.0	31	米槠	26.5	15.0
2	米槠	5.5	6.2	32	米槠	29.6	15.5
3	米槠	40.1	15.9	33	米槠	44.5	18.9
4	米槠	31.6	12.3	34	米槠	33.0	13.8
5	米槠	58.0	22.1	35	米槠	33.8	16.1
6	米槠	61.4	23.0	36	米槠	30.3	14.5
7	米槠	25.8	17.2	37	米槠	48.2	20.8
8	米槠	47.1	21.4	38	米槠	30.1	18.1
9	米槠	54.5	23.5	39	米槠	27.8	17.2
10	米槠	41.2	24.1	40	米槠	39.3	15.5
11	米槠	60.9	18.3	41	米槠	38.2	15.3
12	米槠	51.9	18.4	42	米槠	41.0	17.7
13	米槠	38.5	19.2	43	米槠	28.4	15.4
14	米槠	41.2	20.3	44	米槠	49.4	17.5
15	米槠	44.6	20.7	45	米槠	39.8	15.6
16	米槠	30.6	18.5	46	米槠	10.5	8.2
17	米槠	22.4	8.2	47	米槠	5.1	7.1
18	米槠	63.5	24.5	48	米槠	41.4	19.4
19	米槠	43.5	18.9	49	米槠	30.5	13.8
20	米槠	37.8	14.1	50	米槠	35.8	16.2
21	米槠	39.4	20.2	51	米槠	38.3	14.9
22	米槠	21.7	18.0	52	米槠	40.5	15.5
23	米槠	41.7	19.9	53	米槠	40.1	18.2
24	米槠	18.1	17.5	54	米槠	48.3	21.1
25	米槠	38.4	16.5	55	米槠	36.9	18.5
26	米槠	21.3	18.1	56	米槠	37.8	18.0
27	米槠	68.2	20.2	57	米槠	46.8	19.8
28	米槠	34.4	17.9	58	米槠	5.5	5.0
29	米槠	36.0	19.0	59	米槠	5.3	4.5
30	米槠	40.7	21.2	60	米槠	13.2	11.1

坐标图上，并依据散点的分布趋势绘制成一条曲线，从而直观反映树高随直径而变化的规律，这条曲线即为树高曲线，亦称为树高 – 直径曲线（H–D curve）。不同树种的树高曲线各异；相同树种在不同的生境条件下，其树高曲线亦不相同。

2. 方法简述

（1）林分条件平均高（H_D）。根据各径阶实测样木的胸径和树高绘制树高曲线，在曲线上与林分平均胸径相对应的树高称为林分条件平均高（H_D）。

（2）林分加权平均高（$\overline{H}$）。根据林分各径阶的林木的算术平均高与其对应径阶林木胸高断面积计算的加权平均数称为加权平均高（$\overline{H}$），计算方法如下：

$$\overline{H} = \frac{\sum\limits_{i=1}^{k} \overline{h_i} G_i}{\sum\limits_{i=1}^{k} G_i} \tag{1-33}$$

式中：$\overline{h_i}$为林分中第i径阶林木的算术平均高；G_i为林分中第i径阶林木的胸高断面积；k为径阶个数。

3. 案例

以某亚热带天然米槠林标准地调查数据（表1-3）为例，绘制树高曲线，计算林分条件平均高的主要步骤如下：

（1）标准地调查数据的整理。将标准地调查所测定的林木胸径按2 cm径阶进行整化，分别径阶计算平均直径、平均高和株数。

（2）以纵坐标表示树高（H）、横坐标表示径阶（D），利用计算机绘制平均直径与平均高的二维散点图。

（3）根据散点分布趋势，计算各类拟合模型的统计量，选择剩余平方和最小、剩余均方差最小、剩余标准差最小、相关系数最大的模型作为最佳树高曲线模型，并对所确定的方程进行残差分析。

（4）将计算得到的该标准地的平均胸径代入最佳树高曲线模型，计算得到林分条件平均高（H_D）。

三、林分密度

1. 定义

林分密度指林木对其所占空间的利用程度，对林木的胸径、树高、干形及材积生长均具有重要影响。林分密度指标包括株数密度、每公顷断面积、疏密度、立木度、郁闭度、林分密度指数和树冠竞争因子等，其中，郁闭度是林分调查中常见的调查因子。

郁闭度（canopy density）指森林中乔木树冠在阳光直射下在地面的总投影面积（冠幅）与此林地（林分）总面积的比，是描述乔木层树冠连接程度的指标，常用小数表示，一般精确至0.01。在我国的森林资源调查工作中，常将林分郁闭度分为3个等级：高（郁闭度≥0.70）、中（郁闭度0.40～0.69）、低（郁闭度0.20～0.39），郁闭度<0.20的地块划为疏林地、无立木林地或非林地。

2. 方法简述

测定郁闭度的主要方法如下：

（1）目测法。在乔木林郁闭度>0.70或者坡度大于36°或者平均高在2 m以下的幼林中，常使用目测法测定郁闭度。该方法受地形、地貌、下层植被、天气的影响，尤其受调查人员的主观因素影响较大。

（2）样线法。在调查区域内设线（图1-11），计算树冠累计长度占样线长度的比例。

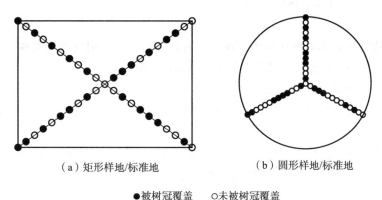

（a）矩形样地/标准地　　　　（b）圆形样地/标准地

●被树冠覆盖　　○未被树冠覆盖

图1-11　样线法测定林分郁闭度

（3）平均冠幅法。当林分郁闭度较小（如郁闭度 < 0.30）时，可采用该法测定，即用样地内林木平均冠幅面积乘以林木株数得到树冠覆盖面积，再除以样地面积得到郁闭度。

（4）树冠投影法。调查时先将林木定位，然后从几个方位测量各株林木的树冠边缘到树干的水平距离，按一定比例将树冠投影标绘在图纸上，最后从图纸上计算树冠投影总面积与林地面积的比值得到郁闭度。

3. 案例

采用样线法对矩形标准地测定郁闭度的主要步骤如下：

（1）根据标准地的形状和调查精度要求，选定2条对角线或更多样线为调查路线。

（2）行进过程中，每隔2步设一个观测点，在观测点抬头仰望，如果正上方有树冠遮蔽则计1，累计树冠遮蔽的观测点数量。

（3）郁闭度计算方法如下：

$$郁闭度 = （\sum 树冠遮蔽观测点数）/ 观测点总数 \qquad （1-34）$$

四、林分年龄

1. 定义

林分年龄（stand age），简称"林龄"，指林分的平均年龄。人工林一般有造林历史记载，可准确查明林龄；天然林的平均年龄则难以准确推算。

在森林调查中，林龄通常用龄级表示。龄级（age class）是整化了的年龄，是对林分年龄的分级，由Ⅰ、Ⅱ、Ⅲ、Ⅳ、Ⅴ……表示。一个龄级所包含的年数称为龄级期限，与树种、起源等有关。一般规定：慢生树种以20年为一个龄级，如云杉、冷杉等；生长速度中等的树种以10年为一个龄级，如云南松、马尾松等；生长较快的树种以5年为一个龄级，如杉木、杨树等；生长迅速的树种以2或3年为一个龄级，如泡桐、桉树等；竹林以1或2年为一个龄级。林分内林木的年龄相差在一个龄级以内的，称为同龄林；林木年龄相差在一个龄级以上的称为异龄林。

龄组（age group）可以看成是对龄级的进一步整化。为了便于开展对不同森林经营类型的规划设计的需要，根据森林的生长发育阶段，进一步整化为幼龄林、中龄林、近熟林、成熟林和过熟林。我国主要树种各龄组所包含的龄级期限和年龄范围已有统一规定，见《森林资源连续清查技术规程》GB/T 38590—2020。

2. 方法简述

（1）查阅造林技术档案或访问的方法。针对具有造林历史记载的人工林，通过查询相关造林资料，或向当地了解相关信息的人员咨询，确定林龄。

（2）实测法。分别树种调查记载，不同径阶调查平均样木若干株，采用胸高断面积加权法准确计算林龄；或在林分内选取具有代表性的平均样木 3~5 株，伐倒或用生长锥钻取木芯查数年轮，计算其算术平均值作为林龄。

（3）查数轮生枝法。针对某些针叶树种（如松树、云杉、冷杉等），在林分内选取具有代表性的平均样木 3~5 株，查数轮生枝的环数及轮生枝脱落（或修枝）后留下的痕迹来确定单木年龄，计算其算术平均值作为林龄。

（4）目测法。有经验的调查人员，根据林木的大小、树冠形状、树皮颜色和粗糙程度等，近似目测林龄。

3. 案例

以思茅松人工林的龄级、龄组划分为例（表 1-4），计算思茅松林分的平均年龄。

表 1-4　思茅松人工林的龄级和龄组划分

龄级	I	II	III	IV	V	VI
年龄范围	0~10	11~20	21~30	31~40	41~50	51 以上
龄组	幼龄林	中龄林	近熟林	成熟林	成熟林	过熟林

分别树种调查记载，可采用胸高断面积加权法准确计算平均年龄（$\overline{A}$），即：

$$\overline{A} = \frac{\sum\limits_{i=1}^{k} \overline{A}_i G_i}{\sum\limits_{i}^{k} G_i} \qquad (1-35)$$

式中：$\overline{A}_i$ 为林分中第 i 龄级的平均年龄；G_i 为林分中第 i 龄级的胸高断面积。

五、林分起源

1. 定义

林分起源（stand origin）指林分生成的方式。按播种方式的不同，一般可分为天然林（natural stand）和人工林（artificial stand，planted forest）；按是否种生，可分为实生林（由种子繁殖而形成）和萌生林（由伐桩上萌条或根蘖而形成）。

2. 方法简述

确定林分起源的方法主要有考查已有资料、现地调查或者访问等。现地调查时，可根据林分外貌特征进行判断。

人工林通常有较规则的株行距，林木分布比较均匀整齐，多是由 1 个树种组成纯林，一般为同龄林；如果是由 2 个或多个树种组成的人工混交林，则有较规则的树种组成比例和结构，且一个林分内同一树种的年龄基本相同。

天然林则没有规则的株行距，林木分布也不均匀，多形成混交林，没有规则的树种混交比例和结构，且林分内林木的年龄差异较大，多形成异龄林。

3. 案例

根据林分外貌特征，判定图 1-12 的林分起源，并说明判定依据。

图 1-12 林分起源的目视判定

六、林层

1. 定义

林分中乔木树种的树冠所形成的树冠层次，称为林层或林相（story），可分为单层林和复层林。仅有一个林层的林分称为单层林（single-storied stand），具有 2 个及以上明显林层的林分称为复层林（multi-storied stand）。在复层林中，蓄积量最大、经济价值最高的林层称为主林层，其余为次林层。林层通常用 I 、II 、III 、……表示，最上层为第 I 层，其次依次为第 II 层、第 III 层等。

2. 方法简述

单层林的外貌比较整齐，培育的木材较为均匀一致。异龄混交林、耐荫树种组成的林分，尤其是经过择伐以后，易形成复层林。土壤气候条件优越的地方常形成多层的复层林，如热带雨林的林层可达 4 ~ 5 层。在我国，同时满足如下 4 个条件方能划分林层：

（1）次林层平均高与主林层平均高≥20%（以主林层为 100%）。

（2）各林层的蓄积量≥30 m^3/hm^2。

（3）各林层平均胸径≥8.0 cm。

（4）主林层的疏密度≥0.30，次林层≥0.20。

在实际工作中，可以根据具体情况因地制宜地做出相应变动，如热带雨林中的林木树冠常呈垂直郁闭，很难划分林层，此类情况可不必划分林层。

3. 案例

根据林分外貌特征，判定图 1-13 的林层划分，并说明判定依据。

图 1-13　林层的目视判定

七、树种组成

1. 定义

树种组成（species composition）指组成林分的各主要树种的结构及其所占的比重。按树种组成可将林分划分为纯林（pure stand）和混交林（mixed stand）。由 1 个树种组成的或者混有其他树种但其他树种的蓄积量（平均胸径≥5.0 cm 的林分）或株数（平均胸径 < 5.0 cm 的幼林）占比不到 35% 的林分称为纯林；反之，由 2 个或多个树种组成，其中每个树种的蓄积量（平均胸径≥5.0 cm 的林分）或株数（平均胸径 < 5.0 cm 的幼林）在林分内所占成数均不超过 65% 的林分称为混交林。在混交林中，蓄积量（平均胸径≥5.0 cm 的林分）或株数（平均胸径 < 5.0 cm 的幼林）比重最大的树种称为优势树种。在一个地区既定的立地条件下，最适合经营目的的树种称为目的树种。

在混交林中，常以树种组成系数表达各树种在林分中所占的数量比例。树种组成系数是某树种的蓄积量（平均胸径≥5.0 cm 的林分）或株数（平均胸径 < 5.0 cm 的幼林）占林分总蓄积量或总株数的比重，通常用"十分法"表示，各树种组成系数之和等于 10。

2. 方法简述

树种组成一般用树种组成式表达。在树种组成式中，各树种的顺序按组成系数大小依次排列，即组成系数大的列在前面。如果某一树种的蓄积量不足林分总蓄积量的 5%，但大于 2%，则该树种在树种组成式中用"＋"号表示；若某一树种的蓄积量少于林分总蓄积量的 2% 时，则该树种在树种组成式中用"－"号表示。

在实际调查工作中，为了便于操作和统计计算，我国规定，按照纯林/混交林和针叶林/阔叶林的不同，划分为 7 个树种结构类型：针叶纯林（单个针叶树种蓄积量≥90%）、阔叶纯林（单个阔叶树种蓄积量≥90%）、针叶相对纯林（单个针叶树种蓄积量占 65%～90%）、阔叶相对纯林（单个阔叶树种蓄积量占 65%～90%）、针叶混交林（针叶树种总蓄积量≥65%）、针阔混交林（针叶树种或阔叶树种总蓄积量占 65%～90%）、阔叶混交林（阔叶树种总蓄积量≥65%）。

3. 案例

通过计算，确定如下林分的树种组成式：

（1）杉木纯林，则该林分的树种组成式为："10 杉木"。

（2）由云南松和栎类组成的混交林，林分总蓄积量为 245 m³，其中，云南松的蓄积量为 190 m³，栎类蓄积量为 55 m³，各树种的组成系数分别为：云南松 190÷245 = 0.78≈0.8，栎类 55÷245 = 0.22≈0.2，则该林分的树种组成式为："8 云南松 2 栎类"。

（3）由落叶松、云杉、冷杉、白桦组成的混交林，各树种的组成系数分别为：落叶松 0.55，云杉 0.40，冷杉 0.04，白桦 0.01，则该林分的树种组成式为："6 落叶松 4 云杉 + 冷杉 – 白桦"。

八、林分蓄积量

1. 定义

林分中，胸径≥5.0 cm 的所有活立木的材积之和称为林分蓄积量（stand volume，仅指尚未采伐的森林），简称蓄积，常用 M 表示。

2. 方法简述

林分蓄积量的测定方法概分为 2 大类：目测法和实测法。目测法主要依靠调查人员的经验现地估测，常产生较大误差，无法保证调查精度，多用于精度要求低、调查范围大等情况。实测法又分为全林实测和局部实测。对于精度要求高、调查范围小、树种组成复杂等少数情况可采用全林实测法。局部实测法是林分蓄积量测定中最常用的方法，又可分为典型选样实测（标准地调查）和随机抽样实测（样地调查）2 种类型。随着林业遥感技术的不断发展，出现了基于遥感手段的林分蓄积量估测技术，由于存在光饱和点等技术瓶颈，导致目前的林分蓄积量遥感估测精度偏低，相关研究未形成适用于林业生产的方法体系。

林分蓄积量测定的具体方法包括平均标准木法、材积表法、3P 样木法、标准表法和实验形数法等。其中，平均标准木法和材积表法较为常用。

3. 案例

利用平均标准木法，计算林分蓄积量（表 1–5），主要步骤和计算方法如下：

（1）现地选取具有代表性的典型地块设置标准地，大小为 1 hm²（100 m × 100 m），每木检尺，计算平均胸径 D_g = 23.2 cm，在树高曲线上查定条件平均高（H_D）。

（2）在林分内，选择 1～3 株（本例选 2 株）与平均胸径（D_g）和条件平均高（H_D）相接近（相差在 ±5% 以内）且干形中等的林木作为平均标准木，测量其胸径和树高，计算平均高 $\overline{HD}$ = 22.9 m，伐倒并利用区分求积法测算其材积，或不伐倒采用立木区分求积法测算。

（3）计算该标准地的蓄积量：

$$M = \left(\sum_{i=1}^{n} V_i \right) \times \frac{G}{\sum_{i=1}^{n} g_i} = 0.900 \times \frac{7.038}{0.086} = 73.653 \text{ m}^3 \qquad (1\text{–}36)$$

式中：M 为标准地蓄积量；V_i 为第 i 株标准木的材积；G 为标准地总断面积；g_i 为第 i 株标准木的断面积；n 为标准地林木株数。

表 1-5　利用平均标准木法计算标准地蓄积量

径阶 d	株数 n'	断面积 $\pi d^2/4 \times n'^2$	平均标准木				
			编号	胸径	树高	断面积	材积
8	14	0.070	1	23.5	22.5	0.043	0.450
12	27	0.305	2	23.5	23.2	0.043	0.450
16	25	0.503					
20	28	0.880					
24	24	1.086					
28	26	1.601					
32	9	0.724					
36	7	0.713					
40	1	0.126					
44	3	0.456					
48	2	0.362					
52	1	0.212					
合计	167	$G = 7.038$				$\sum g_i = 0.086$	$\sum V_i = 0.900$

注：引自《测树学（第3版）》（孟宪宇，2006）。

九、林分生物量

1. 定义

林分生物量（stand biomass）指某一林分在一定时间或某一时刻所累积的活有机物质质量（干重）的总和，常用的测量单位是 t/hm²。林分生物量可以分为地上生物量和地下生物量二部分。地上生物量包含林分内乔木、灌木和草本等的质量（干重）；地下生物量指根系的质量（干重）。

2. 方法简述

林分生物量的测定方法一般有皆伐实测法、标准木法、回归估计法和材积转换法等。

（1）皆伐实测法。又称收获法，是将调查地块内的所有林木、灌木和草本等进行皆伐，测定所有植物的生物量之和，即为皆伐生物量。该方法得到的生物量数据是最准确的，但对生态系统的破坏性较大，并且工作量大，不适合大尺度的林分生物量测算。

（2）标准木法。对调查地块进行每木调查，计算平均胸高断面积，选出可以代表平均水平的标准木，并求出其生物量，最后用标准木的生物量乘以林分单位面积上的株数，得到单位积上的林分生物量。该方法主要用于人工林生物量的计算，目前常用的有平均标准木法和分层标准木法。

（3）回归估计法。又称生物量模型法，是在现地调查的基础上，按径阶分配选取适当数量的标准木，结合标准木法测定林木各维量的生物量，再根据各维量生物量与某一或某些测树指标之间存在的关系构建回归方程，进而求算林分生物量。林分生物量模型主要有如下类型：①林分生物量 – 林分变量（如平均直径、平均高、林分断面积等）模型，②林分生物量 – 蓄积量模型，③林分生物量估算参数（如生物量转换与扩展因子 *BCEF*、生物量扩展因子 *BEF* 和根茎比 *R* 等）模型。

（4）材积转换法。依据生物生长的相对关系以及林木材积（或林分蓄积）与生物量之间的相关性，构建生物量各维量与材积（蓄积）之间的关系，进而估算林分生物量的方法。

3. **案例**

以常用的平均标准木法，测定某林分生物量的主要步骤和计算方法如下：

（1）以每木检尺调查结果，计算林分的平均胸径，在平均胸径所在的径阶范围内，选取 2~3 株立木作为标准木。

（2）将标准木伐倒，称各器官鲜重并取样，将样品带回实验室烘干至恒重，根据各样品的干 / 鲜重计算其干物质率和含水率，计算各标准木的生物量及其算术平均值。

（3）用标准木生物量的算术平均值乘单位面积的立木株数，计算单位面积林分生物量：

$$W = N\overline{W} \tag{1-37}$$

式中：W 为林分生物量；N 为单位面积的立木株数；$\overline{W}$ 为标准木生物量的算术平均值。

第二章

森林区划

　　由于林区面积辽阔，森林资源复杂多样，如何科学有效地实现森林资源的经营管理成为林业管理和生产部门的重要技术问题。针对林业生产的特点，根据自然地理条件、森林资源以及社会经济条件的不同，将整个林区进行地域上的划分，区划为若干个不同的单位，即为森林区划（forest division）。森林区划是林业生产中的一项基础工作。通过森林区划，最终将复杂、广阔的森林资源在空间地域上划分为内部特征相同或相近、与相邻存在显著区别的地块，地块内部可采用相同或相近的经营技术措施，使复杂问题简单化、抽象问题具体化，便于调查、统计、分析、核算和管理工作，可提高森林资源经营管理的工作效率和技术水平。

　　在我国的林区中，一般存在如下两种类型的森林区划系统：

　　（1）国有林区的森林区划系统

　　林业和草原局 – 林场 –（营林区）– 林班 – 小班；

　　国有林场（总场）– 分场（营林区 / 作业区）– 林班 – 小班。

　　（2）集体林区的森林区划系统

　　县 – 乡镇 –（村）– 林班 –（大班）– 小班。

　　林业和草原局（forestry and grass land bureau）、林场（forest farm）、营林区（forest range）和林班（compartment）的区划以行政区划界线（如县界、乡镇界、村界）和自然界线（如较大的山脉、河流和道路等）为其依据，完成区划界定后，其界线一般具有长期性特征，不会频繁变动。小班（subcompartment）的区划界线则需在每个森林经理期（forest management period）的初期，进行森林资源调查时，根据实际情况进行边界调整和更新。

第一节 | 林班区划

一、相关概念

在林场范围内，为了便于森林资源统计和经营管理，将林地划分为许多个面积大小比较一致的基本单位，称为林班（compartment）。依据行政区划界线（如县界、乡镇界、村界）和自然界线（如较大的山脉、河流和道路等），将林地划分成许多具有固定界线的、面积大致相同的林班，即为林班区划。林班的界线称为林班线，在林班线相交处按规定和条件埋设林班桩。现地伐开的林班境界线和林班桩的主要作用是标示林班的位置，方便调查人员现地判定。完成林班区划后，每个林班的地理位置和面积固定下来长期不变，无特殊情况不宜更改，可为开展林业生产活动提供方便条件。

在我国南方林区，林班面积可小于 50 hm^2，北方林区林班面积一般为 100 ~ 200 hm^2。以林场为单位，用阿拉伯数字按由西北向东南的方向顺序编号，林班号长期保持不变。

二、林班区划方法

1. 人工区划法

在地形起伏较小的平原或丘陵地带，以规整的方形或矩形将林场区划成面积一致的许多个林班，林班线需要人工伐开，呈直线或折线状。

此方法设计简单，林班面积一致，林班线有助于调查人员在林内辨别方向，林班线亦可作为林区防火线及经营便道使用，适用于平坦地区及人工林区。

2. 自然区划法

在山区，以林场内的自然界线及永久性标志，如河流、沟谷、山脊、分水岭和道路等作为林班线，林班形状不规整，面积大小不一，林班线可以不伐开。

此方法保持了自然景观，对防护林、特种用途林具有积极意义，对自然保护区也有特殊作用，适用于山区。

3. 综合区划法

综合利用人工区划法和自然区划法，一般在自然区划的基础上进行部分地区的人工区划，是我国在山区进行林班区划的主要方法。

此方法较人工区划法复杂，林班面积大小也不一致，但能避免过大或过小，综合了上述两种方法的优点。

三、林班区划案例

以某实验林场的林班区划修订为例，主要工作步骤及方法如下。

1. 资料收集

需要收集的图面材料主要包括：①地形图（比例尺以 1 : 25 000 或 1 : 10 000 为宜），②卫星影像或航空影像图（空间分辨率以 1.0 ~ 3.0 m 为宜，成像时间以不超过 1 年为宜），③行政区划界线图（包括县界、乡镇界、村界），④基础地理信息图（包括河流、道路、各类驻点等），⑤林地权属分布图，⑥上一期的林班界（森林资源规划设计调查矢量数据）等。

2. 图层准备

各类图层及其叠放顺序为：①以卫星影像或航空影像图为底图，②利用地理信息系统软件（如 ArcGIS）提取地形图中的等高线，形成等高线矢量图层，将其置于底图的上一层，显示地形信息，③基础地理信息图层，包括河流、道路和各类驻点等，将其置于等高线的上一层，④各类区划界线图层，包括县界、乡镇界、林场界、村界、林地权属界、上一期的林班界等，置于最上层。各类图层需事先转换成规定的投影坐标系。

3. 内业勾绘

在上一期林班界的基础上，采用综合区划法，在地理信息系统软件（如 ArcGIS）上进行林班线的目视勾绘。上一期的大部分林班界一般不会发生变动，将未发生变动的林班界保留沿用即可；极少数林班界发生变动，变动原因可能包括行政区划界线变化、经营权属界线变化和土地利用类型变化等，对这些变化的地块应及时修订其林班线。最终，完成林班的逐一勾绘，完成并通过拓扑检查，利用地理信息系统软件计算各林班的面积（单位为 hm^2）。

4. 顺序编号

以林场为单位，用阿拉伯数字按由西北向东南的方向顺序编号。上一期的大部分未发生变动的林班号保持不变，仅修订发生变动的林班号。至此，形成本期的林班界图层。根据调查要求选择适宜的制图比例尺，依据相关制图规范成图，输出打印。

5. 现地区划

将内业完成的林班界图面材料带到现地，把区划设计成果标定到地面上，包括伐开境界线（图 2-1）和埋设标桩（图 2-2）等内容。境界线在明显的山脊通过时，可不伐开，仅在位于境界线上的树上挂号牌。常在林班线相交处选择适合的树木，在树干上刮皮、标示林班号，作为林班桩。

图 2-1 林班线

图 2-2 林班桩

第二节｜小班区划

一、相关概念

内部特征基本一致，与相邻地段有明显区别，需要采取相同经营措施的森林地块称为小班（subcompartment）。小班是林场内最基本的经营单位，也是森林资源规划设计调查、统计和森林经营管理的最基本单位。

小班区划是森林区划中工作量最大、最为基础的内容，涉及内业和外业 2 个部分。小班的最小面积在林业基本图上应不小于 4 mm^2，以林业基本图比例尺 1∶25 000 为例，最小小班面积应不小于 0.25 hm^2。不满足最小小班面积要求的，应将其并入相邻小班。南方集体林区商品林最大小班面积一般不超过 15 hm^2，其他林区一般不超过 25 hm^2。无林地、非林地小班的最大面积不限。完成林班内所以小班的区划后，以林班为单位，用阿拉伯数字按由西北向东南的方向顺序编号。

应尽量以明显地形地物界线作为小班界，同时兼顾资源调查和经营管理需要，依据《森林资源规划设计调查技术规程》（GB/T 26424–2010），小班区划需考虑的 10 个条件：①权属不同，②森林类别及林种不同，③生态公益林的事权与林地保护等级不同，④林业工程类别不同，⑤地类不同，⑥起源不同，⑦优势树种（组）比例相差二成以上，⑧Ⅵ龄级以下相差 1 个龄级，Ⅶ龄级以上相差 2 个龄级，⑨商品林郁闭度相差 0.20 以上，公益林相差 1 个郁闭度级，灌木林相差 1 个覆盖度级，⑩立地类型不同。

1. 地类

在森林资源规划设计调查中，将土地类型分为林地和非林地 2 大类。其中，林地划分为 8 个一级类型、16 个二级类型，如表 2–1 所示。非林地在森林资源调查中又常分为耕地、牧草地、水域（河流、湖泊、水库等）、未利用地和建设用地（工矿建设用地、城乡居民建设用地、交通建设用地、其他用地）等。

2. 权属

包括所有权和使用权（经营权），分为林地所有权、林地使用权和林木所有权、林木使用权。林地所有权分国有和集体 2 类；林木所有权分国有、集体、个人和其他 4 类；林地与林木使用权分国有、集体、个人和其他各 4 类。

3. 森林类别及林种

按主导功能的不同，将森林类别分为生态公益林和商品林 2 类。

有林地、疏林地和灌木林地根据经营目标的不同，分为 5 个林种、23 个亚林种，分类系统如表 2–2 所示。

4. 生态公益林事权与林地保护等级

生态公益林按事权等级划分为国家公益林和地方公益林 2 类。

林地保护等级划分Ⅰ、Ⅱ、Ⅲ、Ⅳ共 4 级。

5. 优势树种（组）

在乔木林、疏林小班中，按蓄积量组成比重确定，蓄积量占总蓄积量比重最大的树种

表 2-1　林地分类系统表

土地类型	林地一级	林地二级
林地	有林地	乔木林地
		竹林地
		红树林地
	疏林地	疏林地
	灌木林地	国家特别规定灌木林地
		其他灌木林地
	未成林造林地	人工造林未成林地
		封育未成林地
	苗圃地	苗圃地
	无立木林地	采伐迹地
		火烧迹地
		其他无立木林地
	宜林地	宜林荒山荒地
		宜林沙荒地
		其他宜林地
	辅助生产林地	辅助生产林地
非林地		

（组）为小班的优势树种（组）。

未达到起测胸径的幼龄林、未成林造林地小班，按株数组成比例确定，株数占总株数最多的树种（组）为小班的优势树种（组）。

经济林、灌木林按株数或丛数比例确定，株数或丛数占总株数或丛数最多的树种（组）为小班的优势树种（组）。

6. 起源

林分起源分为天然林、人工林和飞播林 3 种类型。

7. 龄级与龄组

乔木林的龄级与龄组根据优势树种（组）的平均年龄确定。我国主要树种的龄级期限和龄组的划分如表 2-3 所示。

8. 郁闭度与覆盖度

郁闭度划分为 3 个等级：高（郁闭度 0.70 以上），中（郁闭度 0.40～0.69），低（郁闭度 0.20～0.39）。

覆盖度划分为 3 个等级：密（覆盖度 70% 以上），中（覆盖度 50%～69%），疏（覆盖度 30%～49%）。

9. 立地类型

主要依据坡向、土层厚度和土壤等确定，例如"阴坡中厚层黄红壤立地类型"。

表2-2 林种分类系统表

森林类别	林种	亚林种
生态公益林	防护林	水源涵养林
		水土保持林
		防风固沙林
		农田牧场防护林
		护岸林
		护路林
		其他防护林
	特种用途林	国防林
		实验林
		母树林
		环境保护林
		风景林
		名胜古迹和革命纪念林
		自然保护区林
商品林	用材林	短轮伐期工业原料用材林
		速生丰产用材林
		一般用材林
	薪炭林	薪炭林
	经济林	果树林
		食用原料林
		林化工业原料林
		药用林
		其他经济林

10. 林业工程类别

林业工程主要包括天然林资源保护工程、三北及长江中下游地区等重点防护林体系建设工程、退耕还林工程、京津风沙源治理工程、野生动植物保护及自然保护区建设工程、速生丰产用材林基地建设工程、其他林业工程。

二、小班区划方法

1. 利用遥感影像目视解译勾绘

在一定比例尺的卫星/航空遥感影像上，能够真实地反映地貌和林分特征。在具备上述条件的地区，应尽量利用近期（成像时间以不超过1年为宜）的卫星/航空遥感影像进行小班区划，可提高区划精度和调查效率，减少调查成本。

表 2-3 我国主要树种龄级与龄组划分标准 单位为年

树种	地区	起源	龄组划分					龄级期限
			幼龄林	中龄林	近熟林	成熟林	过熟林	
红松、云杉、柏木、紫杉、铁杉	北部	天然	≤60	61~100	101~120	121~160	>161	20
	北部	人工	≤40	41~60	61~80	81~120	>121	20
	南部	天然	≤40	41~60	61~80	81~120	>121	20
	南部	人工	≤20	21~40	41~60	61~80	>81	20
落叶松、冷杉、樟子松、赤松、黑松	北部	天然	≤40	41~80	81~100	101~140	>141	20
	北部	人工	≤20	21~30	31~40	41~60	>61	10
	南部	天然	≤40	41~60	61~80	81~120	>121	20
	南部	人工	≤20	21~30	31~40	41~60	>61	10
油松、马尾松、云南松、思茅松、华山松、高山松	北部	天然	≤30	31~50	51~60	61~80	>81	10
	北部	人工	≤20	21~30	31~40	41~60	>61	10
	南部	天然	≤20	21~30	31~40	41~60	>61	10
	南部	人工	≤10	11~20	21~30	31~50	>51	10
杨树、柳树、桉树、檫树、楝树、泡桐、木麻黄、枫杨、软阔类	北部	人工	≤10	11~15	16~20	21~30	>31	5
	南部	人工	≤5	6~10	11~15	16~25	>26	5
桦树、榆树、木荷、枫香、珙桐	北部	天然	≤30	31~50	51~60	61~80	>81	10
	北部	人工	≤20	21~30	31~40	41~60	>61	10
	南部	天然	≤20	21~40	41~50	51~70	>71	10
	南部	人工	≤10	11~20	21~30	31~50	>51	10
栎类、柞类、槠类、栲类、香樟、楠木、椴树、水曲柳、胡桃楸、黄菠萝、硬阔类	南北	天然	≤40	41~60	61~80	81~120	>121	20
	南北	人工	≤20	21~40	41~50	51~70	>71	10
杉木、柳杉、水杉	南部	人工	≤10	11~20	21~25	26~35	>36	5

注：飞播林同人工林。

目视解译（visual interpretation）又称目视判读，指专业人员通过直接观察或借助辅助判读仪器在遥感图像上获取特定目标地物信息的过程。林业调查人员在室内根据遥感判读因子（包括大小、形状、阴影、色调、颜色、纹理、图案和位置等），在地理信息系统软件（如ArcGIS）勾绘小班边界。

完成室内小班边界的勾绘后，再到现地采用对坡勾绘和深入林内调查相结合的方法进行实地勘察核对，修订室内勾绘的小班边界，即为现地小班调绘。

2. 利用地形图现地勾绘

在没有卫星/航空遥感影像的地区，利用一定比例尺的地形图，在现地采用对坡勾绘和深入林内调查相结合的方法，逐个小班完成界线勾绘。值得注意的是，林业调查人员需要具备丰富的地形图判读经验，并经过相关技术培训，通过考核后方可参加现地勾绘工作。

三、小班区划案例

以某实验林场的小班区划为例，主要工作步骤及方法如下。

1. 资料收集

需要收集的材料主要包括：①地形图（比例尺以 1∶25 000 或 1∶10 000 为宜），②卫星影像或航空影像图（空间分辨率以 1.0 ~ 3.0 m 为宜，成像时间以不超过 1 年为宜），③行政区划界线图（包括县界、乡镇界、村界），④基础地理信息图（包括河流、道路、各类驻点等），⑤林地权属分布图，⑥上一期的森林资源规划设计调查矢量数据等。

2. 图层准备

各类图层及其叠放顺序为：①以卫星影像或航空影像图为底图，②利用地理信息系统软件（如 ArcGIS）提取地形图中的等高线，形成等高线矢量图层，将其置于底图的上一层，显示地形信息，③基础地理信息图层，包括河流、道路和各类驻点等，将其置于等高线的上一层，④各类区划界线图层，包括县界、乡镇界、林场界、村界、林地权属界和林班界，置于最上层。各类图层需事先转换成规定的投影坐标系。按规定在图面上注记相关信息，根据调查要求选择适宜的制图比例尺，依据相关制图规范成图，输出打印。

3. 外业调绘

将内业完成的图面材料带到现地，依据小班区划的 10 个条件，采用对坡勾绘和深入林内调查相结合的方法，现地重点考虑地类、起源、优势树种、林龄和郁闭度等 5 个林分调查因子（其他因子可通过相关的图面材料收集获得），用绘图笔在纸质图件上绘制小班轮廓线，逐个林班实地勾绘小班。

外业调查无须在现地设置任何标志。每完成一个林班的小班区划，对该林班内的所有小班进行编号，用阿拉伯数字按由西北向东南的方向顺序编号。最终得到外业清绘图。

4. 内业资料整理

利用地理信息系统软件（如 ArcGIS）将外业清绘图中的小班界转绘至小班矢量数据库中，同时将各小班的调查信息录入属性数据库。完成并通过拓扑检查，利用地理信息系统软件计算各小班的面积（单位为 hm^2）。

第三节 │ 林业地图

一、相关概念

林业工作离不开地图，林业管理部门需要制作和使用林业地图，以满足森林资源动态监测和经营管理的需要。林业地图（forestry map）是以林业及其相关内容为表示对象的一类地图，是将一定范围内林业用地上的物体用特定符号缩绘在平面上的图形。

林业地图按内容可以分为林业资源图、林业规划设计图、林业工程技术图和林业其他专题图 4 类：①林业资源图具体包括林业基本图、林相图、森林分布图。②林业规划设计图具体包括区域规划图、林业和草原局（场）总体设计图、造林规划设计图等。③林业工程技术图具体包括场（厂）址、贮木场和木材转运场等平面布置图、水库绿化工程设计图、城市绿化平面布置图等。④林业其他专题图具体包括森林病虫害分布图、林业企事业布局图、林业区划图等。

二、林业制图方法

利用地理信息系统软件（如 ArcGIS）的制图功能，可以进行林业地图制图，为林业生产单位提供高质量的林业专业图件，其承载的丰富的地表和森林资源信息能够提高林业生产单位的经营管理水平。林业地图必须符合《地图审核管理规定》的相关规定。林业地图制图的一般方法包括如下 4 个方面。

1. 材料收集

收集与制图主题相关的图面材料和数据资料，如：地形图、卫星影像或航空影像图、行政区划图、基础地理信息图、土地利用现状图、林业区划图、森林资源调查数据、林业专项调查数据（如生长量、消耗量、土壤、森林病虫害、森林火灾、野生动植物资源、湿地资源、荒漠化土地资源等的专项调查）等。

2. 编绘要求

①选择合适的底图；②要依据制图目的和类型，突出主题；③符号统一规范；④线划精细流畅；⑤色彩对比明显；⑥图面布局合理；⑦图名符合相关法律规定；⑧图例内容完备；⑨合理利用附图；⑩制图落实至责任人。

3. 图面内容

（1）自然地理要素：可包括地形（一般以等高线表示）、水系（包括河流、湖泊、水库、水渠等）、土地利用类型（如林地、草地、耕地、建设用地、未利用地等）。

（2）社会经济要素：可包括行政区划（如国界、省界、地区界、县/市/区界、乡镇界、村界及其驻所位置）、交通线路（如铁路、高速公路、一级公路、二级公路、国道、省道、县道、乡村公路、林区公路等）。

（3）测量控制点：可包括三角点、高程点等。

（4）林业专业要素：可包括各级森林经营区划界线（林业和草原局、林场、分场/营林区/作业区、林班、小班）、权属界线（国有、集体等）、森林类别（生态公益林、商品林）、林种（防护林、特种用途林、用材林、薪炭林、经济林）、优势树种（组）、林业机构（局址、场址、护林站等）、管护设施（瞭望台、哨卡、管护房、围栏等）、基础设施（防火线、林道、森林病虫害防治设施、检验检疫站、水利水保设施等）。

4. 图面整饰

（1）标题：字体应醒目、庄重，位置为图廓外正上方或图内上方空白处。

（2）图廓：图廓分为内图廓和外图廓，内图廓附公里网格及经纬线。

（3）图例：图例内容包括全图所有要素的线划、符号、色彩等；符号的图形、大小、颜色等保持与主图一致。

（4）指北针：用于表示地图方向，一般给出所在坐标系北向为该地图的方向。

（5）比例尺：按照坐标系放置比例尺，可选择比例文字、比例尺等形式。

（6）附图：可在主图空白处配置其所在区域位置图。

（7）图签：在主图下方设置图签，标明设计、制图、审核、时间、投影坐标系等信息。

三、林业制图案例

1. 林业基本图的绘制

林业基本图（forest basic map）是为林业各部门从事勘测、规划、设计及管理所提供的基础地形图件，以自然条件、社会经济一般特征、林业测绘调绘成果为主要内容，是反映制图区域林业现状和区划的专题地图，是编制林相图及其他林业专题图的基础资料。

林业基本图是以地形图或遥感影像为基础底图，对行政区划界线、林班界、小班界、林班注记、小班注记及山脉、道路、河流、居民点等地物区划绘制而成。

林业基本图包含基础地理信息图层、小班图层和基础底图。应主要包括的图层有：①各类区划界线（国界、省界、地区界、县/市/区界、乡镇界、村界、林场界、分场界、林班界、小班界）、②交通线路（铁路、高速公路、一级公路、二级公路、国道、省道、县道、乡村公路、林区公路）、③水系（河流、湖泊、水库、水渠）、④居民地（省、市、县、乡镇、村委会、林场、分场等的驻所位置）、⑤地貌（山脊、山峰、陡崖等）。基础底图多采用1∶10 000或1∶25 000比例尺的地形图或近期成像的遥感影像图（空间分辨率以1.0～3.0 m为宜）。以县级林业和草原局或国有林场为单位编制，常按1∶10 000或1∶25 000比例尺国际分幅打印输出。

林业基本图的主要注记内容：①林班注记（如：团山村1，注记在林班的中心位置），②小班注记（小班号+优势树种简称/地类简称+小班面积）。

2. 林相图的绘制

林相图（stock map，stand map）是县级林业和草原局或国有林场森林资源规划设计调查的主要成果之一，也是经营利用规划材料的重要组成部分，其内容着重表示森林资源、林分结构和地类信息，反映森林的生态特征、分布和资源利用的现状。

林相图以林业基本图为基础底图，包含的图层及比例尺与林业基本图一致。凡有林地小班，进行全小班着色，按优势树种确定色标，按龄组确定色层。其他小班仅注记小班号及地类符号。常以林场或乡镇为单位编制，按1∶10 000或1∶25 000比例尺打印输出。

林相图的主要注记内容：①林班注记（如：团山村1，注记在林班的中心位置），②小班注记（小班号+面积/优势树种简称+造林年度，或小班号+面积/地类）。

林相图以优势树种+龄组为依据，根据《林业地图图式》（LY/T 1821–2009）规定的林相色标进行有林地全小班着色。

3. 森林分布图的绘制

森林分布图（forest distribution map）是以县级林业和草原局或国有林场为单位，以森林资源分布状况和森林经营单位区划状况为主要内容，为制定林业规划、林区开发顺序和林业生产布局等服务的图面资料。

森林分布图是用林相图缩小绘制而成，将林相图上的小班进行适当综合。凡在森林分布图上大于 4 mm² 的非有林地小班界均需绘出。但大于 4 mm² 的有林地小班，则不绘出小班界，仅根据林相图着色区分。以县级林业和草原局或国有林场为单位编制，一般按 1∶50 000 或 1∶100 000 比例尺单幅打印输出。

森林分布图的主要注记内容：县驻地、乡镇驻地、村驻地、林场驻地、分场驻地、林班号。不注记小班信息。

森林分布图着色参照林相图着色，根据《林业地图图式》（LY/T 1821–2009）规定的林相色标进行有林地全小班着色。

第三章
森林资源调查

　　森林资源调查是林业经营管理中的一项重要的基础工作之一。通过定期开展森林资源调查，可以获得森林资源的数量、质量、空间分布和动态变化的第一手资料，了解和掌握森林资源的现状、优势和不足，为经营管理提供重要的数据支撑和决策依据。

　　森林资源调查可以分为地面调查和遥感调查二种手段。地面调查所获得的数据资料准确且全面，可直接用于林业生产和研究中，是森林资源调查的主要手段。由于地面调查的工作量大、成本高、耗时长等特点，遥感调查成为其有益的补充，可在宏观尺度实现大面积、高时效、低成本的数据采集和森林参数估算，但仍存在诸多的技术瓶颈，其估算或反演结果的精度可能不能满足林业生产和研究的要求。森林资源调查又可分为全面调查和抽样调查二种方式，其中，抽样调查可以减少调查工作量，降低调查成本，且具有精度保障，是森林调查工作中常采用的方式。

　　在我国，按调查的目的和作用，可将地面调查分为一类清查（国家森林资源连续清查）、二类调查（森林资源规划设计调查，森林经理调查）和三类调查（作业设计调查）等。同时，遥感抽样调查亦广泛应用于全国或各省的森林调查工作中，尤其是近年新兴起的无人机遥感技术，在森林资源调查、林地资源信息化管理、森林火灾和病虫害监测、退耕还林（草）检查以及林业生态工程监测等方面逐渐成为重要的技术工具。

第一节 ｜ 抽样方法

一、相关概念

　　森林抽样调查是一种非全面的调查，以概率论和数理统计为基础，从森林资源总体中抽取一部分实测地块作为样本，根据对所抽取样本的调查数据，推算森林资源总体的数量特征。实测地块分为标准地和样地 2 种类型。将待调查的森林资源全体称为总体（population），将从总体中按一定程序或预先规定的方法抽出的部分实测地块的集合称为样本（sample），将样本中包含的实测地块的个数称为样本量或样本容量（sample size）。从总体抽取样本的方法可以分为 2 种类型：非概率抽样和概率抽样。

1. 非概率抽样

又称典型选样或有意抽样，即在抽取样本时不依据随机原则，调查人员靠主观经验判断选样。通过典型选样确定的实测地块称为标准地（sample plot），是根据林业调查人员的主观判断选出期望代表预定总体的典型地块。非概率抽样的操作简单，调查工作量较小，多用于林业数表编制、为研究不同经营措施效果等收集数据或为进行大规模抽样调查而事先开展预调查等情况。需要注意的是，非概率抽样受人为主观因素影响较大，不能计算抽样误差，不能从概率的意义上控制误差，样本数据不能对总体情况进行推断。

2. 概率抽样

又称随机抽样，是指依据随机原则，从总体中抽取部分样本的抽样方法。通过概率抽样确定的实测地块称为样地（plot）。与非概率抽样相比，概率抽样比较复杂，对调查人员的专业技术要求较高，且随机抽中的调查单元可能非常分散，增加了调查工作量和成本。该类方法要求在抽取样本时排除主观上有意识地抽取调查单元的情况，使每个单元都有一定的机会被抽中，且能计算每个单元的入样概率，能得到总体目标的估计值，并能计算出每个估计值的抽样误差，是森林抽样调查中最主要的类型。概率抽样又分为等概率抽样和不等概率抽样两种方式。

（1）等概率抽样：每个样本的入样概率都是相等的，是森林抽样调查中常见的抽样方式，包括简单随机抽样、系统抽样、分层抽样和整群抽样等方法。

（2）不等概率抽样：每个样本的入样概率不相等，包括点抽样和自适应性群团抽样等方法，样本的入样概率依据样本单元大小不同而不同，可提高估计精度，减少抽样误差，但抽样过程和计算比较复杂。

二、常用抽样方法

1. 典型选样（typical sampling）

凭借林业调查人员依据调查目的和对调查对象情况的了解，依靠调查人员的主观经验人为选定样本单元。在选择样本单元时，常见如下 3 种情况：一是选择"平均水平"单元作为样本，选择的样本可以代表相关变量的平均水平，目的是了解总体平均水平的大体位置。二是选择"众数型"单元作为样本，即在调查总体中选择能够代表大多数单元情况的个体作为样本。三是选择"特殊型"单元作为样本，即选择很好或很差的典型单元作为样本，目的是分析导致很好或很差现象的原因。

现地选取标准地时，应根据林分面积大小和森林资源的复杂程度决定标准地设置的数量。一般地，林分面积小于 3 hm² 时设置 1~2 个标准地，林分面积在 4~7 hm² 时设置 2~3 个，林分面积在 8~12 hm² 时设置 3~4 个，林分面积大于 13 hm² 时设置 5~6 个。适量增加标准地数量可提高估算精度，但工作量和调查成本亦将随之增加。

2. 系统抽样（systematic sampling）

又称机械抽样或等距抽样，将总体中的调查单元按一定顺序排列，根据样本容量确定抽选间隔，然后随机确定起点，按照抽选间隔依次完成其他样本的抽取。系统抽样方法简便易行，可使样本单元在总体中均匀分布，一般具有较好的代表性，因而被世界大多数国家应用于森林资源清查中。

以利用系统抽样方法调查某县的蓄积量为例，样地数量和抽样估计值的计算方法如下。

（1）样地数量 n：

$$n = \frac{t_a^2 \times c^2}{E^2} \tag{3-1}$$

（2）总体平均数 $\bar{x}$：

$$\bar{x} = \frac{1}{n} \sum_{i=1}^{n} x_i \tag{3-2}$$

（3）样本标准差 S：

$$S = \sqrt{\frac{\sum_{i=1}^{n} x_i - \frac{1}{n} \left(\sum_{i=1}^{n} x_i \right)^2}{n-1}} \tag{3-3}$$

（4）样本标准误 $S_{\bar{x}}$：

$$S_{\bar{x}} = \frac{s}{\sqrt{n}} \tag{3-4}$$

（5）总体变动系数 C：

$$C = \frac{S}{\bar{x}} \times 100\% \tag{3-5}$$

（6）绝对误差限 Δ：

$$\Delta = t_a \times s_{\bar{x}} \tag{3-6}$$

（7）相对误差限 E：

$$E = \frac{\Delta}{\bar{x}} \cdot 100\% \tag{3-7}$$

（8）总体蓄积量估计值 M：

$$M = A \times \bar{x} \tag{3-8}$$

（9）总体蓄积抽样误差限 ΔM：

$$\Delta M = A \times \Delta \tag{3-9}$$

（10）总体蓄积量估计区间：

$$M \pm \Delta M \tag{3-10}$$

（11）抽样精度 P：

$$P = 100\% - E \tag{3-11}$$

式中：t_a 为可靠性指标，当可靠性为 95% 时，$t_a = 1.96$；x_i 为第 i 个样地的蓄积量实测值；A 为土地总面积。在前期计算样地数量时，利用控制精度计算相对误差限 E，如控制精度为 85%，则 $E = 100\% - 85\% = 15\%$，依靠以往资料或预备调查数据计算样本标准差 $S = (\max\{x_i\} - \min\{x_i\}) / 6$。

3. 分层抽样（stratified random sampling）

又称类型抽样，先将总体按照某种特征或标志（例如优势树种、龄组、郁闭度或蓄积量等）划分为若干层次（或类型、子总体），按规定的比例从不同层中随机抽取样本。分层抽样方法适用于总体中调查单元差异较大的情况，其抽样效率高，样本量小，但计算复杂。在森林调查实践中，常以优势树种、龄组、郁闭度等作为分层因子。

以利用分层抽样方法调查某县的蓄积量为例，样地数量和抽样估计值的计算方法如下。

（1）样地数量 n：

$$n = \frac{t_\alpha^2 \sum_{h=1}^{L} W_h \sigma h^2}{AE^2 \overline{Y}^2} \tag{3-12}$$

（2）层样地数量 n_h：

$$n_h = W_h \times n \tag{3-13}$$

（3）层样地蓄积量平均数 $\overline{Y_h}$：

$$\overline{Y_h} = \frac{1}{n_h} \sum_{i=1}^{n_h} y_{hi} \tag{3-14}$$

（4）层样地蓄积量方差 S_h^2：

$$S_h^2 = \frac{1}{n_h - 1} \left(\sum_{i=1}^{n_h} y_{hi}^2 - \frac{\left(\sum_{i=1}^{n_h} y_{hi} \right)^2}{n_h} \right) \tag{3-15}$$

（5）层样地蓄积量标准差 S_h：

$$S_h = \sqrt{S_h^2} \tag{3-16}$$

（6）层样地蓄积量标准误 $S_{\overline{Y_h}}$：

$$S_{\overline{Y_h}} = \frac{S_h}{\sqrt{n_h}} \tag{3-17}$$

（7）总样地蓄积量平均数 $\overline{Y}_{st}$：

$$\overline{Y}_{st} = \sum_{h=1}^{L} W_h \overline{Y_h} \tag{3-18}$$

（8）总样地蓄积量方差 $S^2_{\overline{Y}_{st}}$：

$$S^2_{\overline{Y}_{st}} = \sum_{h=1}^{L} W_h^2 S_{\overline{Y_h}}^2 \tag{3-19}$$

（9）总样地蓄积量标准误 $S_{\overline{Y}_{st}}$：

$$S_{\overline{Y}_{st}} = \sqrt{S_{\overline{Y}_{st}}^2} \tag{3-20}$$

（10）绝对误差限 $\Delta_{\overline{Y}_{st}}$：

$$\Delta_{\overline{Y}_{st}} = t_\alpha \times S_{\overline{Y}_{st}} \tag{3-21}$$

（11）相对误差限 AE：

$$AE = \frac{\Delta_{\overline{Y}_{st}}}{\overline{Y}_{st}} \times 100\% \tag{3-22}$$

（12）总样地蓄积量估计值 M：

$$M = \overline{Y}_{st} \times A \tag{3-23}$$

（13）总样地蓄积量估计区间：

$$M \pm \Delta_{\overline{Y}_{st}} \times A \tag{3-24}$$

（14）总样地蓄积量抽样精度 P：

$$P = 1 - AE \tag{3-25}$$

式中：t_α 为可靠性指标，当可靠性为 95% 时，$t_\alpha = 1.96$；L 为层数；W_h 为第 h 层的权重，需事先确定；y_{hi} 为第 h 层第 i 个样地的蓄积量实测值；A 为土地总面积。在前期计算样地数量时，利用控制精度计算相对误差限 AE，如控制精度为 85%，则 AE = 100% − 85% = 15%；σh^2 为第 h 层的方差，$\overline{Y}$ 为总体样地蓄积量平均数，依靠以往资料或预备调查数据估计。

三、抽样案例

以某县的活立木蓄积量抽样调查为例，设计抽样方案并计算蓄积量估计值如下。

1. 抽样方法选取

通过踏查，了解该县的土地面积为 175 600 hm²，其中，生态公益林面积占全县林业用地面积的 60%，森林蓄积量在空间上分布较均匀，确定采用系统抽样方法。

2. 计算样地数量 n

已知：① $t_\alpha = 1.96$，②控制精度为 85%，则 $E = 100\% − 85\% = 15\%$，③收集到该县一类清查样地资料，计算样地平均蓄积 $\overline{x} = 41.62$ m³/hm²，样本标准差 $S = 59.884$ m³/hm²。则：

总体变动系数 $C = S/\overline{x} = 59.884/41.62 \times 100\% = 143.88\%$

样地数量 $n = (t_\alpha^2 \times C^2)/E^2 \times$ 保险系数 $= (1.96^2 \times 1.438\,8^2)/0.15^2 \times 1.1 = 388.8 \approx 389$（个）

3. 计算抽选间隔 d

抽选间隔 $d = 100 \times \sqrt{\text{总面积}/\text{样地数量}} = 100 \times \sqrt{175\,600/389} = 2\,125 \approx 2\,000$（m）

4. 样地布设

利用 ArcGIS 的 Fishnet 工具，按 2 km × 2 km 的间距生成等距网格，提取网格交点；然后随机布设起始样地，最终确定整个网格的位置；利用叠加分析工具生成落入县域范围内的所有点，共 421 个（图 3–1）；用阿拉伯数字按由西北向东南的方向将所有样地顺序编号。

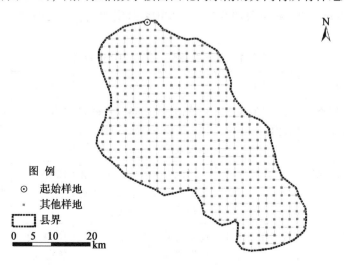

图 3–1 样地布设示意

5. 外业样地调查

开展样地蓄积量调查，方法参考本章第二节，最终得到 421 个样地的蓄积量实测数据。

6. 抽样估计值计算

① 总体平均数（样地平均蓄积量）$\bar{x} = 39.8$ m^3/hm^2；

② 样本标准差 $S = 61.025$ m^3/hm^2；

③ 样本标准误 $S_{\bar{x}} = 2.974$ m^3/hm^2；

④ 总体变动系数 $C = 153.33\%$；

⑤ 绝对误差限 $\Delta = 5.829$ m^3/hm^2；

⑥ 相对误差限 $E = 14.65\%$；

⑦ 总体蓄积量估计值 $M = 6\ 988\ 880$ m^3；

⑧ 总体蓄积抽样误差限 $\Delta M = 1\ 023\ 572$ m^3；

⑨ 总体蓄积量估计区间 $[\ 5\ 965\ 308$ m^3，$8\ 012\ 452$ m$^3\ ]$；

⑩ 抽样精度 $P = 85.35\%$。

第二节 | 林分调查

一、相关概念

1. 我国森林资源调查的种类

（1）国家森林资源连续清查（continuous forest inventory，CFI）。简称"一类清查"，以掌握宏观森林资源现状与动态为目的，为及时、准确地查清各省和全国的森林资源的数量、质量及其消长动态，进行综合评价，为制定和调整林业方针、政策、规划和计划等提供重要依据，以省（自治区、直辖市）为单位，以抽样理论为基础，设立固定样地，对森林资源定期进行复查、统计和分析的森林资源调查方法。我国森林资源调查种类的特征见表 3-1。

表 3-1　我国森林资源调查种类的特征

种类	全称	总体	方法	周期	目的
一类清查	国家森林资源连续清查	省 / 自治区 / 直辖市	系统抽样，不落实到每个地块，设置固定样地，现地设置标志	5 年	编制中长期的林业方针、政策、规划和计划等
二类调查	森林资源规划设计调查	县 / 国有林场	小班调查＋抽样调查，落实到每个小班，目测 / 实测相结合，现地无标志	10 年	编制森林经营方案和总体设计等
三类调查	作业设计调查	具体作业地块	局部实测 / 全林实测，现地设置标志	作业前 1 年完成	采伐 / 造林 / 抚育施工作业设计

（2）森林资源规划设计调查（forest management inventory，FMI）。简称"二类调查"，又称森林经理调查，以国营林业局、林场等为单位，逐个林班、小班调查森林资源现状和动态，其任务是为编制森林经营方案、总体设计、林业发展区划和规划、基地造林规划、森林采伐限额编制等提供基础资料。

（3）作业设计调查（forest operational inventory，FOI）。简称"三类调查"，林业基层生产单位为满足伐区设计、造林设计和抚育采伐设计而进行的调查。目的是查清一个伐区内，或一个抚育、改造林分内的森林资源数量、出材量、生长状况、结构等，据以确定采伐或抚育、改造的方式、采伐强度、预估出材量等。

2. 林分调查因子

内部特征相同，且与四周相邻部分有显著区别的小块森林称作林分。林分调查和森林经营中，最常用的林分调查因子主要包括：林分起源、林相、树种组成、林分年龄、林分密度、立地质量、林木的大小（直径和树高）、数量（蓄积量）和质量（出材量）等。上述林分调查因子的具体调查方法详见第一章第二节。

3. **林分调查方式**

为了获得和掌握林分各调查因子的状况及其变化规律，林业经营管理部门定期组织开展林分调查工作。受调查对象的复杂程度、调查内容和调查精度等的综合影响，林分调查的方式可分为全林实测和局部实测 2 种。一般情况下，因工作量巨大，极少开展全林实测，而是在林分中按照一定方法和要求，选取部分地块进行调查，即局部实测。

局部实测的调查地块分为 2 种类型：①样地：按照随机抽样的原则，通过概率抽样确定的实测地块；②标准地：在抽取样本时不依据随机原则，调查人员靠主观经验，通过典型选样确定的实测地块。样地（标准地）按设置目的和保留时间，分为临时样地（标准地）和固定样地（标准地）。只进行一次调查，取得调查资料后不需要保留的称为临时样地（标准地），无须在现地设立标志，如二类调查中的抽样样地；需要长期重复多次观测，获得定期连续性资料的称为固定样地（标准地），一般在现地设立明显的标志，如中心点标桩、角点标桩、土壤识别坑、直角坑槽、界外木刮皮等，如一类清查样地。

4. **调查地块的规格**

样地（标准地）的形状一般采用方形，亦可采用矩形、圆形、多边形或角规控制检尺样地（标准地）。

样地（标准地）的面积应依据调查目的、林分状况及林分密度等因素而定，一般介于 $0.05 \sim 0.10 \ \text{hm}^2$。

二、调查方法

1. **抽样调查**

在较大空间尺度上进行森林资源调查时，无法实现全林实测，只能采用部分实测的方法。依据概率论和数理统计学原理，随机从总体中抽取部分样本进行调查，既能减少调查工作量和成本，又能控制调查结果的精度，因此，抽样调查是宏观尺度森林资源调查中广泛采用的方法。

在森林抽样调查中，最为常用的方法包括系统抽样和分层抽样 2 种。例如，我国一类清查采用系统抽样的方法，我国二类调查多采用系统抽样或分层抽样。

森林抽样调查的方法及案例详见本章第一节，在此不再赘述。

2. 标准地调查

在森林经营活动中，为科学组织森林经营活动、制定营林技术措施以及研究林分各种因子间的关系，采用标准地调查是一种行之有效的林分调查方法。这种典型选样的调查方法，虽无法表达调查结果的精度或误差，但只要认真选定标准地进行实测，其调查结果仍是可靠的。标准地调查法对于某些专业性调查是唯一可采用的方法。

（1）选择标准地的基本要求。选择标准地应遵循的原则包括：①标准地必须对所预定的要求有充分的代表性；②标准地必须设置在同一林分内，不能跨越林分；③标准地不能跨越小河、道路或伐开的调查线，且应离开林缘（至少应距林缘为 1 倍林分平均高的距离）；④标准地设在混交林中时，其树种、林木密度分布应均匀。

（2）标准地的境界测量。传统方法通常用罗盘仪测角，皮尺或测绳量水平距。当林地坡度大于 5° 时，应按水平距（D）和实际坡度（θ）计算所需测量的斜距（L），公式为：$L = D \div \cos\theta$（图 3-2）。测线周界的闭合差不得超过 1/200。

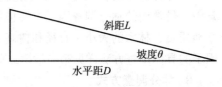

图 3-2　坡度改正

随着现代测量技术的发展，新型测量工具和方法引入到标准地境界测量工作中，例如，应用全站仪进行精确的境界测量，使用 RTK 定位技术进行精准定位，使用超声波 / 激光测距仪进行水平距的快速测量，利用低空无人机获取标准地高清航测影像等。

（3）标准地调查的内容和方法。常用林分调查因子的具体调查方法详见第一章第二节，在此不再赘述。

3. 角规控制检尺调查

角规（angle gauge）是以一定视角构成的林分测定工具（图 3-3），用以测定林分每公顷的胸高断面积，较每木检尺的调查效率得到了极大提高。在森林调查实践中，为了提高调查效率，减少成本，角规控制检尺调查法可在一定条件下替代传统样地（标准地）调查中的每木检尺。角规控制检尺的主要操作过程和方法如下。

（1）确定角规点的位置。在林分内，按典型选样或随机抽样原则和要求，确定角规点。

（2）确定角规常数。角规常数又称断面积系数，常见的角规常数及其参数对照如表 3-2 所示。根据林分内被测木的平均胸径，确定适宜的角规常数。

（3）角规绕测。在角规点上，将无缺口的一端紧贴于眼下，选择一株林木作为起点，用角规切口依次观测视野范围内胸径≥5.0 cm 的所有活立乔木的胸高部位的树干，按如下规则计数：

① 角规切口与胸高部位的树干相割，计数 1.0；

图 3-3　自动改平杆式角规

表 3-2　角规常数对照表

角规常数 K	平均胸径 D_g	杆长与切口的比例	角规定角 β	每公顷胸高断面积 / (m²/hm²)	
				相切时	相割时
1	≤16 cm	50 : 1	1°8′45″	0.5	1.0
2	>16 cm	50 : 1.41	1°37′13″	1.0	2.0

② 角规切口与胸高部位的树干相切，计数 0.5；

③ 角规切口与胸高部位的树干相离，计数 0。

注意临界木的取舍：应明确，临界木（即相切木）属个别情况。受调查人员的视力和林内光线条件的影响，有时难以判断角规切口与胸高部位树干的关系。需要特别说明的是，角规绕测过程应避免出现漏测、错测现象，即便是少测或多测了 0.5，最终计算的每公顷蓄积都将会有极大的差别。因此，可采用"二倍距离法"认真确定临界木：用直径卷尺量被测木的胸径 $D_{1.3}$，用皮尺量测角规点与被测木树心的水平距离 L，比较 $D_{1.3}$ 与 L 在数值上的关系，若 $D_{1.3} = 2L$，则相切，计数 0.5；若 $D_{1.3} > 2L$，则相割，计数 1.0；若 $D_{1.3} < 2L$，则相离，计数 0。例如，被测木胸径 $D_{1.3} = 10.0$ cm，角规点与被测木的水平距离 L = 5.0 m，则恰好相切，计数 0.5。在森林调查实践中，常采用上述"二倍距离法"测定每株林木的 $D_{1.3}$ 和 L，虽然增加了工作量，但这样的做法可有效减少测量误差。

注意坡度改平：利用无坡度改平功能的角规时，应测量角规点计数范围内林地的坡度 θ。若 θ > 5° 时，角规绕测计数结果应进行坡度改正。目前的多数角规均具有坡度改平功能，因此无须再考虑坡度改平。

（4）按径阶计数。凡相割或相切木，量测其胸径 $D_{1.3}$，将胸径值归入所在径阶，按径阶计数相割或相切木株数。在混交林中应分树种记录。

（5）测定林分平均高。在角规检尺范围内，选择 3 ~ 5 株胸径接近林分平均直径的正常林木，测量其树高值，以其算术平均值作为林分平均高。

三、调查案例

案例 1：采用典型选样方法，进行标准地调查和数据计算，主要操作步骤和方法如下。

1. 标准地位置选取

在对林分进行全面踏查的基础上，依据标准地选取原则，选择树种组成、林分密度处于平均水平的地块。在某些复杂林分条件下，可适量增加标准地的数量。所选取的标准地应能充分代表林分整体。

2. 境界测量

以 25 m×25 m 的方形标准地为例。首先确定标准地的西南角点 A，从测站 A 开始，使用森林罗盘仪、皮尺、标杆和计算器等进行闭合导线测量，依次确定测站 B、测站 C 和测站 D（图 3-4），闭合差应小于 1/200。在 4 条边上的界外木胸高位置用油漆或粉笔做标记，确定标准地边界。注意：每条边应根据所在地形的坡度进行分别改平；若遇恰巧落在边界上的林木，取西边和南边，舍东边和北边。标准地的境界测量过程记入附表五的"境界测量记录"。依据标准地所处位置，在附表五的"标准地位置示意图"绘出标准地所处位置的地形和地貌点。

3. 基本因子调查

在标准地内，采用实测法和目测法相结合，进行基本因子调查，填写附表五的"基本因子调查表"，具体调查方法参见第一章。需要重点注意的如下4个调查因子：

（1）平均胸径：完成每木调查后，利用公式（1–26）计算平均胸径，精确至0.1 cm。不同树种应分别计算其平均胸径。

（2）平均高：在平均胸径所在径阶范围内，现地选择3~5株平均木，利用测高器实测其树高值，以其算术平均值作为平均高，精确至0.1 m。

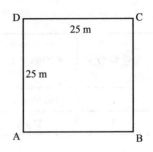

图3-4　标准地大小及形状

（3）每公顷蓄积：按附表一计算单木材积，求和得标准地蓄积，换算至每公顷蓄积。

（4）每公顷株数：统计得标准地总株数，换算至每公顷株数。

4. 幼树幼苗调查

在标准地西南角点A处设置1个2 m×2 m的小样方，进行幼树幼苗调查。主要内容包括：调查小样方内胸径<5.0 cm的幼树幼苗的树种、各树种的株数、平均高度（精确至0.1 m）、平均年龄。调查结果填入附表五的"幼树幼苗调查表"。

5. 每木调查

采用实测法，调查胸径≥5.0 cm的所有活立木，调查内容及方法如下：

（1）树号：对每株胸径≥5.0 cm的活立木进行统一编号，如：1、2、3、……。

（2）测站、方位角和水平距：用于在坐标纸上精准绘制标准地样木分布图。调查员甲在某测站点（如：A点）架设森林罗盘仪，调查员乙调查至某株林木时，甲读取该测站至该林木的方位角，调查员丙量取该测站至该林木的水平距离。完成该测站附近的林木调查后，可更换至下一测站继续定位其他林木。

（3）树种：记录林木的树种名。

（4）胸径：调查员乙使用直径卷尺测量树高1.3 m处的树干直径（可提前准备1.3 m定长的竹竿或枝条），精确至0.1 cm。

（5）冠幅：用皮尺测量每木南北和东西方向的树冠水平直径，精确至0.1 m。

（6）单株材积：按附表一的一元立木材积公式计算单木材积，精确至0.001 m³。

6. 绘制标准地样木分布图

根据每木的测站、方位角、水平距和平均冠幅信息，使用量角器、直尺和圆规在坐标纸上绘制比例尺为1：100的标准地样木分布图，需在图中注明指北针和样木编号。

案例2：采用系统抽样方法进行某个样地的角规控制检尺调查和数据计算，主要操作步骤和方法如下。

1. 确定样地位置

根据该样地的坐标，首先在GPS接收机中设置匹配的投影坐标系，然后采用GPS导航的方式定位该角规点。需要注意的是，GPS接收的信号常受山体、林冠等的影响，因此可能出现较大的定位误差。在有较大比例尺（如1：10 000）地形图的条件下，亦可采用引线测量的方式定位该角规点。

2. 角规控制检尺

调查员甲站在角规点处，采用角规常数K = 1（切口宽1 cm，杆长50 cm，当遇坡度≥5°

时在角规上进行杆长改正），沿顺时针方向绕测一周。当遇到符合计数要求的林木（切口与目标林木胸高处的树干相割或相切）时，指挥调查员乙测量其胸径并确定其所属径阶，调查员丙记录各径阶内的相割木和相切木株数。注意：调查对象是胸径≥5.0 cm的所有活立乔木，枯死木、灌木树种不计数。调查结果记入附表六"一、角规控制检尺"中。其中，附表六"合计（G_i）"栏的计算公式为：

$$G_i = x_i + 0.5 \times y_i \qquad (3-26)$$

角规绕测时应注意：①树种不同时，应分开记录，分树种单独计算；②采用"二倍距离法"认真确定相切木和距离较远的大树。

3. 平均木调查

在平均胸径所在径阶范围内，现地选择3株平均木进行调查（遇树种不同时，每树种各调查3株）。调查结果记入附表六"二、平均木调查"中。调查内容及方法如下：

（1）树种和年龄：记录树种名，目测或访问获得年龄信息，某些针叶树种可用计数轮枝数估计年龄。

（2）胸径：使用直径卷尺测量树高1.3 m处的树干直径（可提前准备1.3 m定长的竹竿或枝条），精确至0.1 cm。

（3）树高：使用测高器实测树高，精确至0.1 m。

（4）冠幅：使用皮尺测量每木南北和东西方向的树冠水平直径，精确至0.1 m。

4. 数据计算

（1）平均胸径 D_g：

$$D_g = \frac{G}{N} = 100 \sqrt{\frac{4}{\pi} \times \frac{G}{N}} \qquad (3-27)$$

（2）每公顷断面积 G：

$$G = \sum_{i=1}^{n} G_i \qquad (3-28)$$

$$G_i = x_i + 0.5 \times y_i \qquad (3-29)$$

（3）每公顷株数 N：

$$N = \sum_{i=1}^{n} N_i \qquad (3-30)$$

（4）径阶株数 N_i：

$$N_i = G_i/g_i \qquad (3-31)$$

（5）径阶单木断面积 g_i：

$$g_i = \frac{\pi}{40\,000} D_i^2 \qquad (3-32)$$

（6）平均高 H：

$$H = \left(\sum_{j=1}^{m} H_j \right)/m \qquad (3-33)$$

（7）每公顷蓄积 V：

$$V = \sum_{i=1}^{n} V_i \tag{3-34}$$

（8）径阶蓄积 V_i：

$$V_i = FH_i \times G_i \tag{3-35}$$

（9）径阶形高 FH_i：

$$FH_i = M_i / g_i \tag{3-36}$$

式中：i 为第 i 径阶；n 为径阶数量；j 为第 j 株平均木；m 为平均木数量；M_i 为第 i 径阶单木材积，由附表一的一元立木材积公式计算获得。

第三节 ｜ 无人机遥感调查

一、相关概念

无人机（unmanned aerial vehicle，UAV）即无人驾驶航空器，是利用无线电遥控设备和自备的程序控制装置操纵的不载人飞机。林业无人机遥感的出现，为森林资源信息的精准、快速测量提供了可能。无人机遥感技术具有智能化、自动化、机动灵活、成本低和效率高等优势。利用无人机平台搭载高空间分辨率相机、多光谱传感器、高光谱传感器、热红外传感器和激光雷达传感器等，可直接获取诸如地类、小班/宗地边界及面积、郁闭度/盖度、株数密度、平均高等信息，同时可间接估算平均胸径、优势树种、蓄积量/生物量/碳储量等信息。

传感器是记录地物反射或者发射电磁波能量的装置，是无人机航测技术的核心部件。根据传感器类型的不同，可将无人机载传感器划分为可见光、中红外（mid-infrared，MIR）、热红外（thermal infrared，TIR）、多光谱（multispectral）、高光谱（hyperspectral）、激光雷达（light detection and ranging，LiDAR）、合成孔径雷达（synthetic aperture radar，SAR）等多种类型。林业无人机载传感器以可见光和多光谱等光学传感器为主流。

随着数字摄影技术和数码相机的不断发展，适用于轻小型/微型无人机航测的光学载荷产品不断涌现。此类光学成像设备能获取较高质量的遥感影像数据。目前，林业无人机载光学成像相机的类型多样，常见的载荷成像传感器主要包括可见光相机、多光谱成像仪、高光谱成像仪和热红外成像仪等。无人机航测平台搭载的光学成像相机具备价格适中、体型小、重量轻、分辨率高等特点，不同的传感器可记录不同的电磁波反射信号，可以获取不同的波段信息，以弥补传统星载/机载影像的不足。各类无人机载传感器也有各自的优缺点（表3-3）。

1. 可见光相机

可见光是电磁波谱中人眼可以感知的波段范围，波长介于 380~760 nm 之间，是无人机载高分辨率相机最常获取的波段。一般地，无人机载高分辨率相机类似于常用的数码相机，在红光、绿光、蓝光 3 个波段分别成像。无人机载可见光相机具有体积小、质量轻、空间分辨率高、性价比高和后期数据处理简单等优势。在林业领域中，依靠其优越的地表细节分辨能力、影像纹理信息和可见光谱信息，可用于土地覆盖类型、海拔、坡度、坡向、坡位、树

表 3-3　无人机载光学传感器的优缺点

传感器类型	原始数据	应用范围	主要优势	局限性
可见光相机	二维图像，含 3 波段颜色信息（RGB）	森林资源调查、林火监测、国土资源测绘等	空间分辨率高，性价比高、数据处理技术相对成熟	光谱信息少
多光谱成像仪	二维图像，含少量离散波段信息	植被分类、植被状态参数估算等	能获取少量光谱信息，计算多种植被指数	"同物异谱"、"同谱异物"影响较大
高光谱成像仪	二维图像，能获取数百个波段的光谱信息	森林类型/树种分类、植被理化参数反演等	光谱分辨率高，利于精确建模反演	数据量大、数据冗余度高、价格高

种、林木冠幅、株数、郁闭度和树高等常用调查因子的判读和提取。

2. 多光谱成像仪

多光谱成像仪的机械结构较可见光相机更为复杂，可以获取人眼无法感知的波段范围，一般覆盖可见光 – 近红外谱段。无人机载多光谱成像仪限于重量，不可能像星载传感器一样复杂，波段一般划分为 4 ~ 6 个。在林业遥感领域，利用植被指数能较好地指示植被覆盖度和生长状况，特别适用于生长旺盛、具有高覆盖度的森林植被监测。常用的植被指数包括归一化植被指数、比值植被指数、差值环境植被指数、增强型植被指数、绿度植被指数、垂直植被指数和土壤调节植被指数等。

3. 高光谱成像仪

无人机载成像高光谱遥感技术是利用很多分割精细的电磁波谱段对感兴趣区域获取目标地物的有关信息。与多光谱遥感相比，无人机载高光谱成像仪具有光谱响应范围广、光谱分辨率和空间分辨率高、数据描述模型多、分析灵活、数据量大等特点，多用于森林资源信息提取和植被理化参数反演，它的出现为通过遥感方式获取更多信息提供了可能和有效手段。作为林业遥感领域的研究前沿，无人机载高光谱成像仪多用于科学研究领域。

二、调查方法

1. 外业航测技术

依据航测对象、内容及精度要求，选择适宜的无人机飞行平台和传感器，利用航线规划软件，对作业区域进行外业无人机低空遥感影像数据采集工作，主要的工作步骤包括：①作业区域的确定，②现场勘察起降场地及空域申请，③测区的建立，④任务载荷设定，⑤地面控制点的布设，⑥航线规划，⑦执行飞行和数据采集任务，⑧生成外业航测成果。

2. 内业图像预处理技术

由于无人机的飞行高度较低，能够获取目标地物的高空间分辨率影像，但伴随出现的影像分幅多、数据量大等问题，使得传统的星载/机载遥感图像处理技术无法适用于无人机航测影像。无人机航测影像的预处理主要包括正射校正、图像拼接和解析空中三角测量等环节，预处理之后主要的成果包括数字正射影像（DOM）、数字表面模型（DSM）、数字高程模型（DEM）、数字地形模型（DTM）及三维点云等。目前，在无人机航测影像处理方面较为广泛应用的软件主要有：Pix4Dmapper（瑞士）、Menci APS（意大利）、PhotoScan（俄罗斯）、ENVI OneButton（美国）、INPHO（德国）、PixelGrid（中国）、DPGrid（中国）、PhotoMOD（俄罗斯）、IPS（美国）和 EasyUAV（中国）等。

（1）Pix4Dmapper。该软件由瑞士 Pix4D 公司的 EPFL 研究机构研发，其数据预处理的主要工作流程包括：①导入影像（JPG 或 TIFF 格式，数量可达千幅）和 POS 数据，②导入地面控制点文件，③设置选项参数，④全自动处理，空三加密，生成 DOM 和 DSM，⑤正射影像编辑，⑥输出 DOM、DSM、DTM、三维点云、空三结果和精度报告。

（2）Menci APS。该软件由意大利 Menci 公司研发，其数据预处理的主要工作流程包括：①数据导入，②空三解算，③DSM 生成，④MESH 网格生成，⑤DTM 生成，⑥等高线提取，⑦正射影像拼接。

（3）PhotoScan。该软件由俄罗斯 Agisoft 公司研发，其数据预处理的主要工作流程包括：①导入影像和 POS 数据，②投影转换，③评估照片质量，删除质量较差的照片，④对齐照片，⑤添加控制点及比例尺，⑥创建加密点云，⑦创建 TIN 模型，⑧模型纹理贴图，⑨生成 DOM 及正射镶嵌编辑，⑩输出 DOM 和 DEM。

三、调查案例

1. 外业无人机遥感影像采集

以利用大疆创新科技有限公司研发的地面站软件 DJI GS Pro，对某作业区开展外业无人机遥感影像采集工作为例，主要的工作内容及方法如下。

（1）作业区踏查。在飞行前，首先对作业区进行必要的踏查工作，主要踏查内容包括：①作业区是否位于禁飞管制区。依据国家和地方的相关规定，查询作业区是否位于禁飞管制区。应特别注意遵守相关的法律法规，获得相关管理部门的许可后方可飞行。②作业区的地形地貌。尤其需要确定作业区域范围内海拔较高的地物，如山峰、树木、建筑物和输电线路等。在设定飞行任务参数时，准确估计飞行航线高度和返航高度，以避免无人机在航线上遇到障碍而发生撞机事故。③气象条件的判定。应尽可能地获取作业区飞行的风速、风向、气温、气压和云雨雷电等气象信息，在设定飞行任务参数时，充分考虑气象信息以避免飞行器在恶劣气象条件下发生事故。④起降场地的选取。应尽量选择地面平坦、无明显凸起、通视良好和远离高压线等信号干扰源的地块作为无人机的起降场地。

（2）测区的建立。在 iPad 设备上运行 DJI GS Pro 地面站软件，新建飞行任务，依次选择"测绘航拍区域模式"的"地图选点"功能，单击屏幕绘出作业区的多边形范围（图3-5）。注意：后期图像拼接时可能丢失外围的边缘区域。为了确保后期的图像拼接结果能够覆盖全部作业区，绘制的实际飞行区域范围宜在原作业区的基础上向外扩大一定的边距。

（3）任务参数设置。完成实际飞行区域范围的绘制后，DJI GS Pro 地面站软件自动在右侧界面出现任务参数设置页面，分为基础设置和高级设置2个部分。

"基础设置"主要参数及说明（图3-6）：

①"相机型号"：DJI GS Pro 地面站根据已连接的无人机，自动读取并设置为对应的相机型号。如果自动设置有误，可手动修改。

②"相机朝向"：建议设置为"平行于主航线"。某些型号的无人机，其脚架低于镜头，横向飞行遇到较大横风时镜头会拍摄到脚架，"平行于主航线"则不会出现该问题。

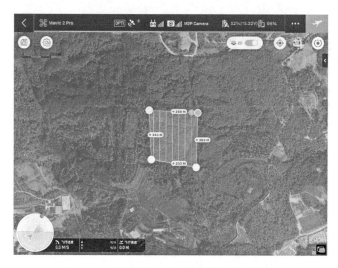

图 3-5 绘制实际飞行区域的多边形范围

图 3-6 "基础设置"界面

③ "拍照模式"：建议设置为"等时间隔拍照"，不建议设置为"航点悬停拍照"。"航点悬停拍照"模式在拍摄每张照片时都要经历减速、悬停、拍照和加速的过程，将严重影响电池的续航时间。

④ "飞行高度"：根据作业区的地形地貌、计划生产图像的空间分辨率确定飞行高度。随着飞行高度的增大，空间分辨率数值随之增大。空间分辨率与飞行高度的比例关系和相机参数有关。同时，要考虑作业区是否位于限高或禁飞区。

⑤ "飞行速度"：不能手动调整，DJI GS Pro 根据飞行高度、相机参数等多种因素综合自动设定。

"高级设置"主要参数及说明（图 3-7）：

① "主航线上图像重复率"：根据作业区的地形地貌、计划生产图像的质量确定。重复率设置为 60% 可达到基本要求；对正射影像有较高要求时可适当提高重复率。需要注意的是：

图 3-7 "高级设置"界面

重复率越高，采样的图像数量越多，飞行时间越长，内业图像处理的运算量越大。

②"主航线间图像重复率"：原则同上。可适当低于"主航线上图像重复率"。

③"主航线角度"：为了让飞行更省电，原则上应让无人机尽量处于匀速飞行状态，航线应尽量规则，"折返跑"次数越少越好。可根据作业区的形状和朝向设置主航线角度。

④"边距"：后期图像拼接时可能丢失外围的边缘区域。为了增加保险系数，可适当扩大实际飞行区域范围，或者根据实际情况设置一定的边距。

⑤"云台俯仰角度"：建议设置为 -90°，即垂直摄影，形成的几何畸变较小。

⑥"任务完成动作"：建议设置为"自动返航"。返航高度应根据实际飞行区域的地形地貌进行设置，要充分考虑返航途中的障碍物，一般需要增加保险系数，将返航高度的数值在障碍物最高高度的基础上适当增加。设置为"悬停"的风险较高。

完成上述任务参数设置后，单击 DJI GS Pro 地面站软件界面右上方的起飞图标，出现"准备飞行任务"界面，确认无误后，单击"开始飞行"，DJI GS Pro 地面站软件将此次任务数据上传至无人机，无人机自动起飞并执行预定规划的飞行任务。

（4）地面控制点布设。由于无人机航测影像的像幅小，飞行过程中可能存在抖动、偏航和倾斜等现象，所获取的影像与真实地表空间存在一定偏差。此外，因为作业区地形地貌等因素的影响，航测影像也会出现几何畸变，上述因素将导致航测影像的几何误差。因此，需要合理布设一定数量的地面控制点（ground control point，GCP），以确保航测影像的准确性。地面控制点的选取亦是航测影像几何校正过程的重要环节。

无人机航测地面控制点的布设方法通常分为全野外布点和非全野外布点 2 种形式。全野外布点具有精度高的特点，但外业工作量大；非全野外布点具有较高的工作效率，可满足所需的精度要求，应用较多。在地面控制点布设时，根据计划生产图像的质量和精度要求决定地面控制点的数量，可选择单点布设或加密布设（图 3-8）。在地表用白灰做圆形或"十"形标记，采用 GPS RTK 方法测量每个地面控制点的坐标并记录。

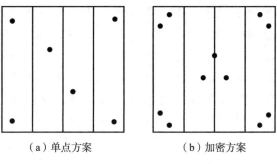

（a）单点方案　　　　　　（b）加密方案

图3-8　地面控制点布设方案

（5）飞行任务执行与完成。无人机飞至作业区规划航线的起点上方后，将自动按航线进行图像采集。操作员无需再控制无人机的飞行动作，但需时刻关注 DJI GS Pro 地面站实时显示的位置、姿态、距离、高度、图传、信号强度、剩余电量及飞行时间等信息。完成全部规划任务后，无人机将自动在设定的返航高度上返航、降落。

当作业区的范围较大或有高大山体、建筑物等遮挡或作业区与起飞点距离较远时，因遥控信号随着传输距离增大逐渐减弱，或者遥控信号在直线传播过程被障碍物遮挡、干扰等，可能会出现飞行过程中遥控信号或图传信号丢失现象。飞行中的信号丢失可能会造成严重损失。较为安全稳妥的设置方法：起飞前，在 DJI GS Pro 地面站软件中设置为信号丢失后自动返航；较为冒险的设置方法：信号丢失后继续执行任务，该设置可以克服因频繁出现的信号丢失而导致的飞行任务中断，但存在无人机丢失或撞机的风险。如遇飞行中信号丢失，操作员不要过度慌乱，不可做出"鲁莽"行为，等待无人机飞行到可控区域并与遥控器重新自动连接后，地面站显示无人机状态信息，即可实现对无人机的遥控操作。

在执行飞行任务过程中，为了尽可能避免信号丢失，应使无人机处于最佳通信范围内。实时调整遥控器天线与无人机之间的方位（图3-9），以确保无人机总是位于遥控器的最佳通信范围内。

（6）外业航测成果。完成外业飞行任务后，将无人机存储卡中的影像导出（图3-10）。

2. 内业无人机遥感影像预处理

以某丘陵地块为例，使用大疆 Phantom 4 Pro 无人机于晴朗无风少云天气实地航测，外业利用 DJI GS Pro 地面站软件自动规划作业区航线，设定飞行高度为50 m，采用等时间隔（4 s）拍照方式，主航线上图像重复率设置为80%，主航线间图像重复率设置为70%，云台俯仰角

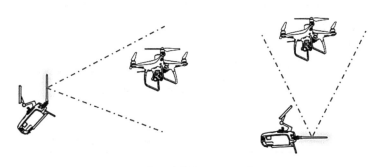

图3-9　遥控器天线与无人机之间的最佳方位

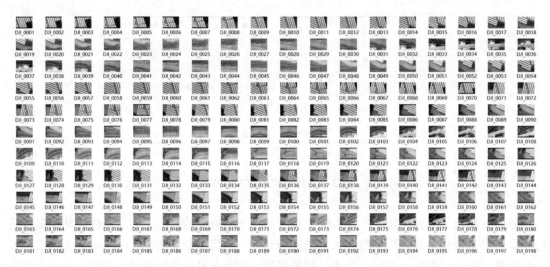

图 3-10　航测原始影像

度设置为 -90°（垂直摄影），测区总面积为 8.67 hm²，共获取航测影像 137 幅，未设置地面控制点。内业使用 Pix4Dmapper 软件（测试版本），介绍无人机影像预处理的主要操作步骤和方法如下。

（1）新建项目。运行 Pix4Dmapper 软件，单击主界面左上方菜单栏的"项目"，在其下拉菜单中单击"新项目"；在出现的"新项目"界面，输入"项目名称"，本例输入为"plot_01"，并指定项目文件的存储路径，本例输入为"D：\test"。原始航测影像存储于"D：\test"文件夹。注意："项目名称"和存储路径均不能使用中文，且路径不宜过度复杂；因中间过程数据所占空间较大，指定的存储空间的容量应充足。在"项目类型"中选择默认的"新项目"，单击"下一步"。

（2）添加图像。在"选择图像"界面单击"添加图像"，选择需要添加的所有图像，单击"下一步"。在"图片属性"界面（图 3-11），涉及的主要参数及释义如下：

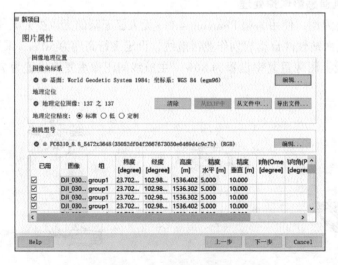

图 3-11　设置图片属性

①"图像坐标系"：多数的品牌无人机将 GPS 信息写入到照片中，Pix4Dmapper 可自动从照片中提取这些位置信息，不需要人工干预。默认为 WGS 1984（经纬度）坐标。若需更改坐标系，单击右侧"编辑"；若设置了地面控制点，需要选择和地面控制点相一致的坐标系，比如 Xian 1980 坐标系，单击已知坐标系并勾选高级选项，然后在已知坐标系下方单击"从列表"，可选择我国林业常用的坐标系（Beijing 1954 或 Xian 1980）；若需要使用本地坐标系且有 PRJ 文件，则单击"从 PRJ"，导入 PRJ 文件坐标。

② 地理定位图像和精度按默认设置即可。

③"相机型号"：Pix4Dmapper 软件可自动读取相机型号；若相机模型库中没有对应的该相机，单击右侧"编辑"创建该相机的参数。

（3）处理选项模板。根据项目要求和相机类型确定处理选项模板。共有 6 种模板可供选择："3D 地图"、"3D 模型"、"农业"、"3D 地图 – 快速 / 低分辨率"、"3D 模型 – 快速 / 低分辨率"、"农业 – 快速 / 低分辨率"。本例选择"3D 地图"。

①"3D 地图"：最常用的模板，建议镜头垂直向下拍摄并设置较高的重叠度，可输出 DOM、DSM、3D 纹理和 3D 点云。

②"3D 模型"：多用于针对某地物进行的三维建模，可输出 3D 纹理和 3D 点云。

③"农业"：若输入的航测影像为多光谱、近红外或热红外图像，可输出植被指数等结果，用于估算农林植被的生长状态。

④"快速 / 低分辨率模式"：可首先选择快速 / 低分辨率模式计算初步结果，是正式处理前的检查和判断。

（4）输出坐标系。输出结果的坐标系默认设置为 WGS 1984（经纬度）坐标。若需更改，勾选下方的"高级坐标系选项"修改坐标系信息。

（5）全自动处理。完成上述设置后，该项目创建完成，进入全自动处理界面（图 3-12）。界面下方默认勾选"1. 初始化处理"、"2. 点云及纹理"、"3. DSM，正射影像图及指数"。可先只勾选"1. 初始化处理"，检查项目质量报告的各项参数能否满足需求，若满足要求则继续勾选"2. 点云及纹理"、"3. DSM，正射影像图及指数"完成全部处理。

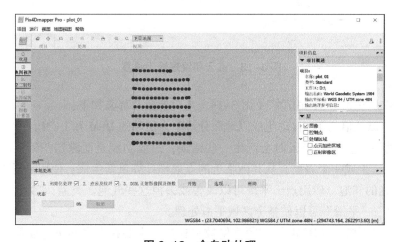

图 3-12 全自动处理

在全自动处理前，可先单击"选项"修改相关参数：

① "1. 初始化处理"一般按默认设置的"全面高精度"。

② "2. 点云和纹理"（图 3-13）主要参数及释义如下：

"图像比例"：设置值的越大，生成的点越多，细节越丰富，处理时间也越长。

"多比例"：勾选后会额外生成多的 3D 点，体现更多细节，处理时间也更长。

"匹配最低数值"：3D 点云中的每个点至少要在若干张图片上有匹配点，3 为默认值。在影像重叠度不高时可选 2，得到的 3D 点云质量不高；选 4 则会提高 3D 点云质量，但得到点的数量会减少。

"生成三维网格纹理"：勾选后可获得三维网格纹理模型。

"输出"：LAS、LAZ、PLY、XYZ 为点云文件，其中，LAS 为 LiDAR 点云文件（默认值）。PLY、FBX、AutoCAD DXF、OBJ、3D PDF 为三维网络纹理，OBJ 为默认值。

图 3-13　点云和纹理输出设置

③ "3. DSM，正射影像和指数"（图 3-14）主要参数及释义如下：

"分辨率"：默认值为 1，自动生成以地面分辨率为倍数的 DSM 和 DOM。

"DSM 过滤"：生成 3D 点云时会产生一些错误，过滤功能是消除这些错误。使用噪波过滤，根据 3D 点云生成一个表面，从其他临近的点取样计算重新生成；使用平滑表面：该表面存在诸多不正确的气泡，使用点云平滑可以改善或去掉这些气泡。类型："尖锐"可保留更多转角、边缘特征；"平滑"可以使整个区域平滑处理。

"栅格数字表面模型（DSM）"："距离倒数加权法"主要在点之间进行插值，建议在有较多建筑物的场景中使用；"三角测量"是基于 Delaunay 三角测量时使用，建议用于农林业、体积计算等领域。

图 3-14 DSM，正射影像和指数输出设置

"正射影像图"：建议勾选"GeoTIFF"，输出通用格式的正射影像结果。

"方格数字表面模型（DSM）"：此选项可以生成不同格式的 DSM。

"等高线"：可选择输出标准矢量格式（shp）的等高线图层。

完成上述参数设置后，单击"开始"进行一键式处理。注意：因无人机获取的航测影像数量一般较多，运算量大，需要较长的等待时间。等待时间的长短与计算机硬件配置、航测影像数量、输出结果的详细程度等因素有关。

（6）输出结果。处理完成后，本例最终的结果保存的路径及释义如下：

① 初始化处理结果：D：\test\plot_01\1_initial

② 点云及纹理结果：D：\test\plot_01\2_densification

③ 正射影像及指数：D：\test\plot_01\3_dsm_ortho

其中，最主要的处理结果存放的路径如下：

① DOM：D：\test\plot_01\3_dsm_ortho\2_mosaic\ 文件夹下的 TIFF 格式文件；

② DSM：D：\test\plot_01\3_dsm_ortho\1_dsm 文件夹下的 TIFF 格式文件；

③ 3D 点云：D：\test\plot_01\2_densification\point_cloud\ 文件夹下的 las 格式文件；

④ 3D 网格纹理：D：\test\plot_01\2_densification\3d_mesh\ 文件夹下的 obj 格式文件；

⑤ 质量报告：D：\test\plot_01\1_initial\report\ 文件夹下的 pdf 格式文件。

关于质量报告（Quality Report）的释义如下：

① "Summary"（摘要）："Average Ground Sampling Distance（GSD）"为平均地面采样距离，即遥感中的空间分辨率；"Area Covered"为处理结果的覆盖面积。

② "Quality Check"（质量检查）："Images"（图像），即在图像上能够提取的特征点的数量；"Dataset"（数据集），一个作业区中能够进行建模的图片数量，应至少95%，若存在多个作业区，可能是由于重叠度不够或图片质量差而导致断点；"Camera Optimization"（相机

参数优化质量），最初的相机焦距 / 像主点和计算得到的相机焦距 / 像主点误差，应小于 5%；"Matching"（匹配），每幅校准图片匹配的中位数；"Georeferencing"（地理定位），用于检查地面控制点的误差，地面控制点的误差应小于 2 倍平均地面采样距离。若未布设地面控制点，则显示黄色警告，可忽略此警告。

③ "Preview"（快视图预览）：用于初步预览低分辨率的 DOM 和 DSM 快视图。

④ "Calibration Details"（校准详情）：依次为 "Initial Image Positions"（初始相片位置）、"Computed Image/GCPs/Manual Tie Points Positions"（计算后的相片位置）、"Overlap"（重叠区域），用于判断原始图像的质量。

⑤ "Bundle Block Adjustment Details"（区域网空三误差）："Internal Camera Parameters"（相机自检校误差），R_1、R_2、R_3 参数不能大于 1，否则可能出现严重的扭曲现象。

⑥ "Geolocation Details"（地理定位详情）："Absolute Geolocation Variance"（绝对地理定位方差），"Relative Geolocation Variance"（相对地理定位方差）。

⑦ "Point Cloud Densification details"（点云加密详情）："Processing Options"（处理选项），"Results"（结果）。

⑧ "DSM，Orthomosaic and Index Details"（数字表面模型、正射影像和指数详情）："Processing Options"（处理选项）。

第四章

森林资源评价

森林资源是国家自然资源的重要组成部分，对改善生态环境、维护生态平衡发挥着决定性作用。森林资源还是林业和生态建设的物质基础和森林资源经营管理的主要对象，为人类的生产生活提供木材、林副产品等资料。在特定目的条件下，采用科学合理的方法，依据相关的标准和程序对森林资源进行货币化计量即为森林资源评价（forest resources assessment），是对森林资源全部效益（经济效益、生态效益、社会效益）的评定测算，以提高人类对森林资源效益的认识，推动人类对森林资源的合理开发利用。

对森林资源的正确评价，能为森林资源利用方式和管理提供有用资料，可以说明森林资源可持续利用的经济价值，亦是人们认识森林资源价值的重要方面。一个恰当的评价，能改变管理部门和人们对森林资源的理解，影响其经营决策，以致更明智地利用森林资源，为森林资源经营方向的选择和分配决策提供重要依据。近年来，森林已成为一种稀缺资源，对森林资源进行客观准确的经济评价就具有了更重要的意义。

第一节 │ 林地资源价值评价

一、相关概念

我国《森林法实施条例》规定："林地，包括郁闭度 0.20 以上的乔木林地以及竹林地、灌木林地、疏林地、采伐迹地、火烧迹地、未成林造林地、苗圃地和县级以上人民政府规划的宜林地。"①有林地：指连续覆盖面积大于 0.067 hm²、郁闭度 0.20 以上、附着有森林植被的林地，包括乔木林、红树林和竹林。②疏林地：指由乔木树种组成，连续覆盖面积大于 0.067 hm²、郁闭度在 0.10~0.19 之间的林地。③灌木林地：指由灌木树种或因生境恶劣矮化成灌木型的乔木树种以及胸径小于 2 cm 的小杂竹丛组成，以经营灌木林为目的或起防护作用，连续覆盖面积大于 0.067 hm²、覆盖度在 0.30 以上的林地。④未成林造林地：包括人工造林（植苗、穴播或条播、分殖造林）和飞播造林后不到成林年限，造林成效符合一定标准，分布均匀，尚未郁闭但有成林希望的林地，以及采取封山育林或人工促进天然更新后，不超过成林年限，天然更新等级中以上，尚未郁闭但有成林希望的林地。⑤苗圃地：指固定的林木、花卉育苗用地，不包括母树林、种子园、采穗圃和种质基地等种子、种条生产用地以及种子加工、储藏等设施用地。⑥无立木林地：包括采伐后保留木达不到疏林地标准、且尚未人工更新或天然更新达不到中等等级的林地；火灾后活立木达不到疏林地标准、且尚未人工更新或天然更新达不到中等等级的林地等。⑦宜林地：指经县级以上人民政府规划为林地的土地，主要包括未达到有林地、疏林地、灌木林地、未成林造林地标准，规划为林地的荒山、荒（海）滩、荒沟、荒地等。以及未达到有林地、疏林地、灌木林地、未成林造林地标准，造林可以成活，规划为林地的固定、半固定沙地（丘）、流动沙地（丘）、有明显沙化趋势的土地。⑧辅助生产林地：指由森林经营单位或林业部门管理，直接为林业生产服务的工程设施与配套设施用地和其他有林地权属证明的土地。

一般认为，林地资源资产除了具有林地面积的有限性、林地范围的易变性、林地位置的固定性、林地永续利用性、差异性和林地的自然与经济的统一性等一般特性之外，亦具有其作为林地资产的特性。林地是土地的一种，在经营过程中，林地与其他资产一样发挥着资本的作用。林地数量的多少、质量的高低直接影响经济效益。由此可见，林地的价值是客观存在的。不过，林地的价值构成不同于一般资产，其价值主要由两部分构成：一是林地本身的价值，或称林地本底价；二是林地经营价值，是林地经营投入的转化。

价格是价值的货币表现，围绕价值上下波动。林地是特殊商品，其价格波动的一般规律具有不同的体现形式。林地资源价格的种类较多，作用各不相同。在不同的情况下，同一林地可能具有不同的价格形式，一般可概括为交易价格、评估价格、租赁价格和林地使用权价格等。

二、评价方法

1. 现行市价法

又称市场价比较法，是将待确定价值的林地与最近交易的条件类似的林地买卖（租赁）实例相比较，求得林地价值的一种方法。该方法适用于森林资源市场较为发达和完善的地区。在林地交易市场不健全的地区，同一区位内的交易案例较少，加之林地本身的差异较大，采用该方法时通常要将原来的价格按被评估林地与交易案例林地的差异进行修正。修正时考虑的主要因素包括：①林地立地条件等级和其他自然条件的差异，②林地地利等级，即运输条件上的差异，③评估基准日的差异（林地评估的基准日与交易案例评估基准日的时间差异），④有林地与无林地的差异，⑤林地面积、形状及相邻林地使用情况的差异等。在实际评价中，要寻找与被评价资源相同的案例几乎不可能，每一案例的评价值均必须根据调整系数进行修正，且要求取 3 个以上（含 3 个）评价案例林地进行测算后综合确定，其计算公式为：

$$B_u = K_1 \times K_2 \times K_3 \times K_4 \times G \times S \tag{4-1}$$

式中：B_u 为林地价值；G 为参照案例的单位面积林地交易价值；S 为被评价林地面积；K_1 为立地质量调整系数；K_2 为地利等级调整系数；K_3 为物价指数调整系数；K_4 为其他各因子的综合调整系数。

（1）立地质量调整系数（K_1）：反映林地地位级（或立地条件类型）的差异，通常采用该地区交易林地的地位级主伐时的木材预测产量与被评价林地地位级预测主伐时产量来进行修正。

$$K_1 = \frac{\text{评价对象立地等级的标准林分在主伐时的蓄积量}}{\text{参照林地立地等级的标准林分在主伐时的蓄积量}} \quad (4\text{-}2)$$

（2）地利等级调整系数（K_2）：说明林地间存在的地利等级差异。由于地利等级是以林地采、集、运生产条件反映，一般用采、集、运的生产成本确定。地利等级调整系数可按现实林分与参照林分在主伐时立木价（以市场价倒算法求算取得）的比值计算。

$$K_2 = \frac{\text{现实林分地利等级主伐时的立木价}}{\text{参照林分地利等级主伐时的立木价}} \quad (4\text{-}3)$$

（3）物价指数调整系数（K_3）：是对交易案例林地资源评估基准日与被评价林地的评估基准日时的价值差异的调整，通常采用物价指数法，最简单的物价指数替代值是用2个评估基准日时的木材销售价格。

$$K_3 = \frac{\text{评估基准日的木材销售价格}}{\text{交易案例评估基准日的木材销售价格}} \quad (4\text{-}4)$$

（4）其他各因子的综合调整系数（K_4）：很难用公式表现，只能按其实际情况进行评分，将综合的评分值确定一个修订值的量化指标。

在应用该方法时，首先要慎重选择与被评估地类似的交易案例，且交易案例的价值必须真实、合理。其次，在对各因子进行修正时要收集足够的资料和信息，在此基础上进行综合分析和判定。

2. 林地费用价法

又称土地费用价法，是取得林地的费用和将林地维持到现在状态所需的费用之和，在评价时用本利和表示。该方法适用于林地的购入费用较为明确，且购入后仅采取了一些改良措施，使之适合于林业用途，但又尚未经营的林地。在该方法的应用中，由于林地购置的年限较短，各项成本费用大多比较清晰，其利率一般采用商业利率，而各年度的改良费一般采用历史的账面成本，而不用重置值。若林地的购置费和各年的林地改良费均采用基准日的重置值，则其利率用不含通货膨胀的利率。其计算公式为：

$$B_u = A \times (1 + r)^n + \sum_{i=1}^{n} M_i (1 + r)^{n-i+1} \quad (4\text{-}5)$$

式中：B_u 为林地价值；A 为林地购置费；M_i 为林地购置后，第 i 年林地改良费；r 为利率（不含通货膨胀的利率）；n 为林地购置年限。

尽管很早以前就有林地费用价法，但近年来产生了与此相类似的概念，即根据取得林地的成本直接进行评价的林地成本价法。即只考虑投入林地的整地、修建道路等林地改良费用，而不考虑这些费用的利息。但是，如果从取得林地到现在为止这一期间内，价格有所变动，可以根据当地林地价格的变动情况，用价格推移指数进行修正。

3. 林地期望价法

以实行永续皆伐为前提，并假定每个轮伐期林地上的收益相同，支出也相同，从无林地造林开始计算，将无穷多个轮伐期的纯收入全部折为现值累加求和值作为林地价值，其计算公式为：

$$B_u = \frac{A_u + D_a (1+r)^{u-a} + D_b (1+r)^{u-b} + \cdots - \sum_{i=1}^{n} C_i \times (1+r)^{u-i+1}}{(1+r)^u - 1} - \frac{V}{r} \qquad (4-6)$$

式中：B_u 为林地价值；A_u 为现实林分 u 年主伐时的纯收入；D_a、D_b 分别为第 a 年、第 b 年间伐的纯收入；C_i 为各年度营林直接投资；V 为平均营林生产间接费用（包括森林保护费、营林设施费、良种实验费、调查设计费以及其生产单位管理费、场部管理费和财务费用）；r 为利率（不含通货膨胀的利率）；n 为轮伐期的年数。

林地期望价公式是以同一种作业永远继续为前提，而且在一个轮伐期中的收益（主伐收益、间伐收益等）及费用（造林费、管理费等）所产生的时期各不相同。因此，需要将其价值换算成伐期时的价值，然后算出林地纯收益，以此定期纯收益作为资本所求得的定期系列连续现值即为林地期望价。

三、评价案例

采用现行市价法，评估某林场的一片 1 000 m² 采伐迹地的价值，主要步骤和方法如下。

1. 评估对象的确定

经对待评估的林地资产权属和实物量的审定和核查，评估对象确定为某林场的 1 000 m² 的林地资产。

2. 评估依据

① 国务院《国有资产评估管理办法》；

② 国家国有资产管理局《国有资产评估管理办法施行细则》；

③ 国家国有资产管理局《资产评估操作规范意见（试行）》；

④ 国家国有资产管理局、原林业部《森林资源资产评估技术规范（试行）》；

⑤ 待评估森林资源资产的山林权属证、图，小班调查记录等森林资源资产资料；

⑥ 收集到的森林采伐、木材销售、造林营林及抚育管护等有关经济技术指标；

⑦ 其他有关资料。

3. 评估方法的确定

由于该地区近期森林资源资产交易市场与交易机制的完善，林地资产交易比较活跃，交易形式趋于多样化，具备了采用市场法的条件。依据《森林资源资产评估技术规范（试行）》的有关要求，综合考虑当地林地交易的市场情况，采用现行市价法对该林地资产进行评估，具体计算方法见公式（4-1）。

经过市场调查与分析，结合被评估林地资产现状，选定如下 A、B、C 三个交易案例作为参照物：A 参照物面积为 300 hm²，交易时间为某年某月，交易价为 2 100 元/hm²；B 参照物面积为 750 hm²，交易时间为某年某月，交易价为 1 500 元/hm²；C 参照物面积为 100 hm²，交易价格为 1 850 元/hm²，交易时间为某年某月。三个参照物所处地区的社会经济发展水平相当，标的所处位置的交通条件与产品运输距离基本相同，并与被评估对象的情况相似，但三参照物的立地质量情况有所不同，具体情况如表 4-1。同时，经过调查得知，当地林业生产有关的各要素的价格自 2010 年以来平均每月上涨 0.5%。

表 4-1 立地质量差异情况

立地类型	A	B	C
坡位	下部	全坡	中部
坡向	南，东	南西南	北，东北
腐殖质层厚	20~30 cm	10~15 cm	12~20 cm
土层厚	0.4~0.8 m	0.3~0.6 m	0.7~1.0 m
植被种类	五节芒，蕨类	芒萁	杂芒，杂竹
海拔	400 m 以下	400 m 以上	400~600 m

4. 林地资产清查结果

采用全面核查法，调查技术在近成熟林采用《××省伐区调查技术标准》的角规调查法进行，中、幼龄林按《××省森林资源规划设计调查技术规定》的小班调查要求进行。林地资产清查的主要结果如下：该林地资产面积共计 1 000 m²，属于采伐迹地，该片林地位于山坡中下部，海拔高度 300~500 m，坡向为南北坡，腐殖质层厚 15~19 cm，土层厚 60~80 cm，植被种类为杂芒、杂竹。

5. 林地资产评估结果

（1）立地质量的调整。立地质量比较、调整打分情况如表 4-2 所示。

（2）地利等级调整。三个参照物所处地区的社会经济发展条件水平相当，标的所处位置的交通条件与产品运输距离基本相同，并与被评估对象的情况相似。因此，地利等级不作调整。

表 4-2 立地质量比较、调整打分

立地类型	种类与得分	评估对象	评估标准		
			A	B	C
坡位	种类	中、下部	下部	全坡	中部
	得分	15	18	12	13
坡向	种类	南、北坡	南，东	南西南	北、东北
	得分	20	24	17	18
腐殖质层厚	种类	15~19 cm	20~30 cm	10~15 cm	12~20 cm
	得分	20	26	14	17
土层厚	种类	0.6~0.8 m	0.4~0.8 m	0.3~0.6 m	0.7~1.0 m
	得分	15	14	11	18
植被种类	种类	杂芒、杂竹	五节芒，蕨类	芒萁	杂芒、杂竹
	得分	15	18	12	15
海拔	种类	300~500 m	400 m 以下	400 m 以上	400~600 m
	得分	15	16	10	12
得分合计		100	116	76	93

（3）物价指数调整。当地林业生产有关的各要素价格 2010 年以来平均每月上涨 0.5%，因此，可以得到林地的物价变动情况：A 参照物 4.5%，B 参照物 5.5%，C 参照物 1.5%。

（4）计算初步评估价值

① 与 A 参照物比较的初步价值 = 2 100 × 100/116 × 104.5/100 = 1 891.81 元 /hm²；

② 与 B 参照物比较的初步价值 = 1 500 × 100/76 × 105.5/100 = 2 082.24 元 /hm²；

③ 与 C 参照物比较的初步价值 = 1 850 × 100/93 × 101.5/100 = 2 019.08 元 /hm²。

（5）评定估算。由于 A、B、C 三参照物的情况均具有可比性，故其权重一致，取其算术平均值为每公顷林地的评估值，即每公顷林地的评估值 = （1 891.81 + 2 082.24 + 2 019.08）/3 = 1 997.71 元 /hm²。

因此，该林地资产的评估值 = 1 000 × 1 997.71 = 1 997 710 元。

第二节　林木资源价值评价

一、相关概念

林木资源又称立木资源，是森林资源最重要的组成部分，亦是森林资源中产权交易最活跃的部分，是森林资源评价的主要内容之一。林木资源评价是对立木资源的经济价值评定，其实质是确定立木价格，即林价（forest value）。

根据林木资源的起源不同，林价可分为人工林林价和天然林林价。人工林林价由生产成本（造林费、经营费和管理费）、利息、税金、利润、生产过程的损失等构成，较天然林林价更容易准确计算。天然林具有有用性和稀缺性，其价值量等于人工恢复天然林资源创造的价值（替代法）。

二、评价方法

根据《森林资源资产评估技术规范（试行）》的规定，林木资产评估测算的方法主要有：①市价法，包括市场价倒算法和现行市价法；②收益现值法，包括收益净现值法、收获现值法和年金资本化法；③成本法，包括序列需工数法和重置成本法。以下介绍几种常用的评估方法。

1. 市场价倒算法

将被评价森林资源皆伐后所得木材的市场销售总收入，扣除木材经营所消耗的成本（含税、费等）及应得的利润后，剩余的部分作为林木价值，其计算公式为：

$$E = W - C - F \tag{4-7}$$

式中：E 为林木价值；W 为木材销售总收入；C 为生产经营成本；F 为木材生产经营利润。

该方法所需的技术经济资料较易获得，各工序的生产成本可依据现行的生产定额标准，木材价格、利润、税、金、费等标准均有明确规定。立木的蓄积量数据准确，无须进行生长预测，财务分析亦不涉及利率等问题。其计算简单，结果最贴近市场，最易为林木资产的所有者和购买者所接受。因此，市场价倒算法主要用于成、过熟林的林木评价中。

2. 现行市价法

将相同或类似的林木资源现行市场成交价格作为被评价林木价值，其计算公式为：

$$E = K \times K_b \times G \tag{4-8}$$

式中：E 为林木价值；K 为林分质量调整系数；K_b 为物价调整系数，可以用评估日工价与参照物价交易时工价之比；G 为参照物的市场交易价格。

该方法需选取 3 个以上（含 3 个）的评价案例，所选案例的林分状况应尽量与待评价林分相近。其交易时间尽可能接近评价时期。现行市价法是林木评价中使用最为广泛的方法，可以用于任何年龄阶段、任何形式的林木资源。该方法的评价结果可信度高、说服力强、计算容易。采用该方法的必备条件是要求存在一个发育充分的、公开的林木交易市场，在这个市场中可以找到各种类型的林木评价参照案例。

3. 收益净现值法

通过估算被评价的林木资源在未来经营期内各年的预期净收益，按一定的折现率折算成为现值，并累计求和得出被评价林木价值，其计算公式为：

$$E = \sum_{i=1}^{n} \frac{A_i - C_i}{(1-r)^{i-n+1}} \tag{4-9}$$

式中：E 为林木价值；A_i 为第 i 年的收入；C_i 为第 i 年的年成本支出；u 为经济寿命期；r 为折现率；n 为林分年龄。

该方法通常用于有经常性收益的森林资源，如经济林资源、竹林资源。这些资源每年都有一定收益，同时每年也要支出相应的成本。因此，各年度收益和支出的预测是收益净现值法的基础。该方法中的折现率大小对评价结果产生重大影响。一般来讲，折现率中不应含通货膨胀因素。

4. 年金资本化法

将被评价的林木每年的稳定收益作为资本投资的收益，再按适当的投资收益率求出林木价值，其计算公式为：

$$E = \frac{A}{r} \tag{4-10}$$

式中：E 为林木价值；A 为年平均纯收益额；r 为投资收益率。

该方法主要用于年纯收益稳定且可以无限期地永续经营的森林资源价值评定。应用该方法时需注意的两个问题：一是年平均纯收益测算的准确性，二是投资收益率必须是不含通货膨胀利率的当地林业投资的平均收益率。

5. 收获现值法

利用收获表预测的被评价林木在主伐时纯收益的折现值，扣除评价后到主伐期间所支出的营林生产成本折现值的差额，作为被评价林木价值，其计算公式为：

$$E = K \times \frac{A_u + D_a(1+r)^{u-a} + D_b(1+r)^{u-b} + \cdots}{(1+r)^{u-n}} - \sum_{i=n}^{u} \frac{G_i}{(1+r)^{i-n+1}} \tag{4-11}$$

式中：E 为林木价值；A_u 为参照林分 u 年主伐时的纯收入（指木材销售收入扣除采运成本、销售费用、管理费用、财务费用及有关税费和木材经营的合理利润后的余额）；n 为林分年龄；D_a、D_b 分别为参照林分第 a、b 年的间伐单位纯收入（$n > a$、b 时，D_a、$D_b = 0$）；r 为投资收益率；C_i 为评价时到主伐期间的营林生产成本（主要是森林的管护成木）；K 为林分质量调整系数。

该方法在评价中龄林和近熟林时经常被选用，其计算公式较为复杂，需要预测和确定的项目亦较多。该方法的提出解决了中龄林、近熟林评价的技术难点。

6. 重置成本法

按现有技术条件和价格水平，重新购置或建造一个全新状态的被评价资源所需要的全部成本，减去被评价资源已经发生的实体性贬值、功能性贬值和经济性贬值，得到的差额作为被评价资源价值，其计算公式为：

$$E = K \cdot \sum_{i=1}^{n} C_i \cdot (1+r)^{n-i+1} \qquad (4-12)$$

式中：E 为林木价值；C_i 为第 i 年的以现行工价及生产水平为标准的生产成本（年初投入）；r 为投资收益率；n 为林分年龄；K 为林分质量调整系数。

该方法主要适用于幼龄林阶段的林木评价。在用材林经营过程中，造林成本的投入在短期内得不到回报，营林成本的不断投入，所营造的林分在不断生长，林分蓄积量在积累增加，林木价值在升高。在其主伐以前长达 10～20 年以至数十年的时间内，森林经营仅有少量的间伐收入，其收入远低于投入，直到主伐时才一次性得到回报。因此，林木评价不但对占用的资金要求支付资金的占用费（即利息），并进行复利计算，而且用材林的重置成本法与一般资产的重置成本法不同，它一般不存在用材林资产的折旧问题。

三、评价案例

基于森林资源规划设计调查数据和天保工程效益监测样地调查资料，综合采用各类评价方法，对某天保工程区的林木资源价值评价，主要步骤和方法如下。

1. 评价参数的确定

（1）经营年限：防护林为 61 年，用材林为 26 年、经济林为 20 年，薪炭林为 16 年，毛竹林为 7 年。防护林中龄林为 25 年，近熟林为 45 年；用材林中龄林为 15 年，近熟林为 20 年；薪炭林中龄林为 8 年，近熟林为 12 年；经济林始产期为 5 年，盛产期为 10 年。

（2）折现率和投资收益率：林木因经营周期长、见效慢，效益的延续时间跨越大，确定折现率为 5%，投资收益率为 6%。

（3）土地机会成本：林业用地除经济林外的其他用地基本为农业难利用地，土地机会成本按当地荒山拍卖价为基础，防护林、薪炭林地 150 元 /hm²，用材林地 300 元 /hm²、经济林地 450 元 /hm²。

（4）各种价格：根据天保工程统计数据和当地当年林业统计年报，确定原木平均销售价格 335 元 /m³，采运费 95 元 /m³，各种税费 40 元 /m³，育林费和维简费 44 元 /m³，经营利润 15 元 /m³，平均出材率 65%。

（5）林分质量调整系数 k：以现实林分蓄积量与参照经营年限林分蓄积量之比值作为林分质量调整系数。

2. 评价方法的选取

（1）用材林、薪炭林林木评价方法：幼龄林可选用现行市价法或重置成本法；中龄林可选用现行市价法、收获现值法；近、成、过熟林可选用市场价倒算法。

（2）经济林林木评价方法：一般选用现行市价法、收益现值法或重置成本法。

（3）防护林林木评价方法：包括林木价值和生态防护效益的评定估算。林木价值评价一般选用现行市价法、收益现值法和重置成本法。生态防护效益需通过实际调查确定标准和参数。

（4）竹林林木评价方法：一般选用现行市价法，新造未成熟的竹林可采用重置成本法。

（5）特种用途林林木评价方法：实验林可选用现行市价法、收获现值法和收益净现值法；母树林一般参照林木评价方法；风景林、名胜古迹和革命纪念林可按照森林景观资产评价方法。

3. 林木资源价值计算

将某天保工程区的所有林木资源分林种和龄组统计其价值，结果如表 4-3 所示。

表 4-3 某天保工程区乔木林各林种、龄组木材价值（万元）

林种	成熟林	过熟林	近熟林	中龄林	幼龄林	合计
防护林	66 105.73	20 078.83	91 125.49	126 311.76	604 389.25	908 011.06
用材林	64 814.68	9 112.41	326 642.68	613 937.45	261 990.66	1 276 497.88
薪炭林	189.41	120.87	1 648.11	11 587.96	56 089.76	69 636.11
经济林	413.60	59.35	0.64	875.79	23 342.54	24 691.92
合计	131 523.43	29 371.45	419 416.91	752 712.96	945 812.21	2 278 836.96

第三节 | 森林生态系统服务功能价值评价

一、相关概念

森林环境资源不同于林地资源和林木资源，不具有资产的性质，故其产生的效益即森林的生态效益不能作为资产进行评价或评估，而只能通过森林生态系统服务功能的价值来体现。依据《森林生态系统服务功能评估规范》（LY/T 1721-2008），森林生态功能包括涵养水源、保育土壤、固碳释氧、积累营养物质、净化大气环境、森林防护、生物多样性保护和森林游憩 8 个生态功能类型、共 14 个指标构成的森林生态系统服务功能评价指标体系（图 4-1）。

二、评价方法

1. 涵养水源

森林对降水的截留、吸收和贮存，可将地表水转为地表径流或地下水，其主要功能表现在增加可利用水资源数量和净化水质两个方面。涵养水源的价值难以直接估算，常采用替代工程法，即通过其他措施（如修建水库）达到与森林涵养水源同等作用时所需的费用，其价值量计算公式为：

$$U_{水量} = 10C_{水库}A(P - E - C) \qquad (4\text{-}13)$$

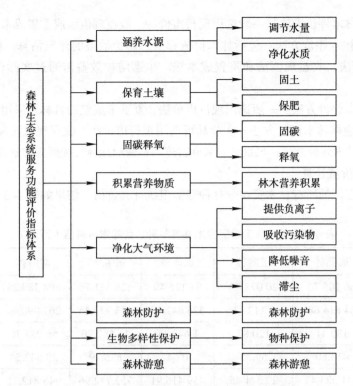

图 4-1　森林生态系统服务功能评价指标体系

$$U_{水质} = 10KA（P - E - C）\tag{4-14}$$

式中：$U_{水量}$为林分年调节水量的价值（元 /a）；$C_{水库}$为水库建设单位容投资（占地拆迁补偿、过程造价、维护费用等）（元 /m³）；P 为年降水量（mm/a）；E 为林分年蒸散量（mm/a）；C 为年地表径流量（mm/a）；A 为林分面积（hm²）；$U_{水质}$为林分年净化水质的价值（元 /a）；K 为水的净化费用（元 /t）。

2. 保育土壤

森林中的活地被物和凋落物截留降水，可降低水滴对表土的冲击和地表径流的侵蚀作用；林木根系固持土壤，以防止土壤崩塌泻溜，减少土壤肥力损失以及改善土壤结构。保育土壤的价值评价多采用影子价格法，即按化肥的市场平均价格对有林地比无林地每年减少土壤侵蚀量中 N、P、K 的含量进行折算，得到的间接经济效益，参考仇琪在森林资源价值评价研究中的价值量计算公式：

$$U_{固土} = AC_土（X_2 - X_1）/\rho\tag{4-15}$$

$$U_{保肥} = G_N × C_N + G_P × C_P + G_K × C_K\tag{4-16}$$

$$G_N = A × N ×（X_2 - X_1）\tag{4-17}$$

$$G_P = A × P ×（X_2 - X_1）\tag{4-18}$$

$$G_K = A × K ×（X_2 - X_1）\tag{4-19}$$

式中：$U_{固土}$为林分年固土的价值（元 /a）；$C_土$为挖取和运输单位体积土方所需费用（元 /m³）；X_1 为林地土壤侵蚀模数［t/（hm²·a）］；X_2 为无林地土壤侵蚀模数［t/（hm²·a）］；ρ 为林地土壤容重（t/m³）；A 为林分面积（hm²）；$U_{保肥}$为林分年保肥价值（元 /a）；G_N 为减少的 N 流失量（t/a）；G_P 为减少的 P 流失量（t/a）；G_K 为减少的 K 流失量（t/a）；C_N 为碳酸氢铵化肥

的价格（元/t）；C_P 为过磷酸钙化肥的价格（元/t）；C_K 为硫酸钾化肥的价格（元/t）；N 为土壤含 N 量（%）；P 为土壤含 P 量（%）；K 为土壤含 K 量（%）。

3. 固碳释氧

森林生态系统通过森林植被、土壤动物和微生物可固定碳素、释放氧气。固碳释氧功能的价值评价多采用市场价值法或影子价格法，即固碳量乘以固碳价格，释氧量乘以工业制氧价格，进而计算该地区森林固碳制氧的成本，其价值量计算公式为：

$$U_{固碳} = AC_{固碳}\left(1.63R_{碳}B_{年} + F_{土壤}\right) \tag{4-20}$$

$$U_{释氧} = 1.19C_{氧}AB_{年} \tag{4-21}$$

式中：$U_{固碳}$ 为林分年固碳价值（元/a）；$C_{固碳}$ 为固碳价格（元/t）；$R_{碳}$ 为 CO_2 中碳的含量，为 27.27%；$B_{年}$ 为林分净生产力 [t/（$hm^2 \cdot a$）]；$F_{土壤}$ 为单位面积林分土壤年固碳量 [t/（$hm^2 \cdot a$）]；A 为林分面积（hm^2）；$U_{释氧}$ 为林分年释氧的价值（元/a）；$C_{氧}$ 为氧气价格（元/t）。

4. 积累营养物质

森林植物通过生化反应，在大气、土壤和降水中吸收 N、P、K 等营养物质并贮存在体内各器官。森林植被的积累营养物质功能对降低下游面源污染及水体富营养化有重要作用。积累营养物质功能的价值评价多采用影子价格法，即按化肥的市场平均价格对林木 N、P、K 的含量进行折算，得到的间接经济效益，其价值量计算公式为：

$$U_{营养} = AB_{年}\left(N_{营养}C_1/R_1 + P_{营养}C_1/R_2 + K_{营养}C_2/R_3\right) \tag{4-22}$$

式中：$U_{营养}$ 为林分年营养物质积累的价值（元/a）；A 为林分面积（hm^2）；$B_{年}$ 为林分净生产力 [t/（$hm^2 \cdot a$）]；$N_{营养}$ 为林木含氮量（%）；$P_{营养}$ 为林木含磷量（%）；$K_{营养}$ 为林木含钾量（%）；R_1 为磷酸二铵化肥含氮量（%）；R_2 为磷酸二铵化肥含磷量（%）；R_3 为氯化钾化肥含钾量（%）；C_1 为磷酸二铵化肥价格（元/t）；C_2 为氯化钾化肥价格（元/t）。

5. 净化大气环境

森林生态系统可对大气污染物（如二氧化硫、氟化物、氮氧化物、粉尘和重金属等）吸收、过滤、阻隔和分解，以及可降低噪声、提供负离子和萜烯类（如芬多精）物质。净化大气环境功能的价值评价多采用市场价值法，其价值量计算公式为：

$$U_{负离子} = 5.256 \times 10^{15} \times AHK_{负离子}\left(Q_{负离子} - 600\right)/L \tag{4-23}$$

$$U_{二氧化硫} = K_{二氧化硫}Q_{二氧化硫}A \tag{4-24}$$

$$U_{氟化物} = K_{氟化物}Q_{氟化物}A \tag{4-25}$$

$$U_{氮氧化物} = K_{氮氧化物}Q_{氮氧化物}A \tag{4-26}$$

$$U_{重金属} = K_{重金属}Q_{重金属}A \tag{4-27}$$

$$U_{噪声} = K_{噪声}A_{噪声} \tag{4-28}$$

$$U_{滞尘} = K_{滞尘}Q_{滞尘}A \tag{4-29}$$

式中：$U_{负离子}$ 为林分年提供负离子的价值（元/a）；$K_{负离子}$ 为负离子的生产费用（元/个）；$Q_{负离子}$ 为林分负离子的浓度（个/cm^3）；L 为负离子寿命（min）；H 为林分高度（m）；$U_{二氧化硫}$ 为林分年吸收二氧化硫的价值（元/a）；$K_{二氧化硫}$ 为二氧化硫的治理费用（元/kg）；$Q_{二氧化硫}$ 为单位面积林分年吸收二氧化硫量 [kg/（$hm^2 \cdot a$）]；$U_{氟化物}$ 为林分年吸收氟化物的价值（元/a）；$K_{氟化物}$ 为氟化物的治理费用（元/kg）；$Q_{氟化物}$ 为单位面积林分年吸收氟化物量 [kg/（$hm^2 \cdot a$）]；$U_{氮氧化物}$ 为年吸收氮氧化物的总价值（元/a）；$K_{氮氧化物}$ 为氮氧化物的治理费用（元/kg）；$Q_{氮氧化物}$ 为单位面积林分年吸收氮氧化物量 [kg/（$hm^2 \cdot a$）]；$U_{重金属}$ 为林分年吸收重金属的价

值（元/a）；$K_{重金属}$为重金属污染的治理费用（元/kg）；$Q_{重金属}$为单位面积林分年吸收重金属量 [kg/（$hm^2 \cdot a$）]；$U_{噪声}$为林分年降低噪声的价值（元/a）；$K_{噪声}$为降低噪声的费用（元/km）；$A_{噪声}$为森林面积折合为隔音墙的长度（km）；$U_{滞尘}$为林分年滞尘的价值（元/a）；$K_{滞尘}$为降尘清理的费用（元/kg）；$Q_{滞尘}$为单位面积林分年滞尘量 [kg/（$hm^2 \cdot a$）]；A为林分面积（hm^2）。

6. 森林防护

防风固沙林、农田牧场防护林、护岸林、护路林等防护林可降低风沙、干旱、洪水、台风、盐酸、霜冻、沙压等自然危害。森林防护功能的价值评价计算公式为：

$$U_{防护} = Q_{防护} C_{防护} A \tag{4-30}$$

式中：$U_{防护}$为森林防护价值（元/a）；$Q_{防护}$为由于农田防护林、防风固沙林等森林存在增加的单位面积农作物、牧草等年产量 [kg/（$hm^2 \cdot a$）]；$C_{防护}$为农作物、牧草等价格（元/kg）；A为林分面积（hm^2）。

7. 森林多样性保护

森林生态系统可为生物物质提供生存与繁衍的场所，从而对其起到保育作用。该功能的价值评价计算公式为：

$$U_{生物} = S_{生物} A \tag{4-31}$$

式中：$U_{生物}$为林分年多样性保护的价值（元/a）；$S_{生物}$为单位面积年物种损失的机会成本 [元/（$hm^2 \cdot a$）]；A为林分面积（hm^2）。

8. 森林游憩

森林生态系统可为人类提供休闲和娱乐的场所，使人消除疲劳、愉悦身心、有益健康。其为人类提供休闲和娱乐场所而产生的价值，包括直接价值和间接价值。森林游憩功能的价值评价方法有旅行费用法和条件价值法。

三、评价案例

以我国某市为例进行森林生态系统服务功能价值评价。该市的气候属典型的暖温带半湿润大陆性季风气候，夏季高温多雨，冬季寒冷干燥，春、秋短促，年降水量多集中在6、7、8月。该市的土地总面积约1.6万 km^2，其中林地面积为 1 047 847.05 hm^2，优势树种以油松、侧柏等针叶树种为主，相关价值评价的主要内容如下。

1. 涵养水源价值计算

该市年降水量约为678.2 mm，年蒸散量约为年降水量的60%，地表径流量可忽略不计，采用替代工程法对该市的森林资源涵养水源价值进行评价。将森林资源涵养水源所产生的价值视同等容量水库蓄水所产生的价值。经调查，水库与堤坝蓄水的建造成本为1.0元/m^3。森林资源对水源的净化功能是以污水处理厂对污水的净化产生的费用，经数据收集确定净化水源的价值约为0.9元/t。根据上述参数，依据公式（4-13）和公式（4-14）计算该市森林资源的涵养水源和净化水质的生态系统服务价值：

$$U_{水量} = 10 \times 1.0 \text{ 元}/m^3 \times 1\,047\,847.05\text{ }hm^2 \times (678.2\text{ mm} - 678.2\text{ mm} \times 60\%) \times 10^{-4} = 284\,259.95\text{ 万元} \tag{4-32}$$

$$U_{水质} = 10 \times 0.9 \text{ 元}/t \times 1\,047\,847.05\text{ }hm^2 \times (678.2\text{ mm} - 678.2\text{ mm} \times 60\%) \times 10^{-4} = 255\,833.95\text{ 万元} \tag{4-33}$$

2. 保育土壤价值计算

森林资源最直接的保育土壤的价值就是减少水土流失。水土流失除了土壤流失外，还带走了土壤中所含的 N、P、K 等元素。根据相关资料，该市森林土壤表层中，N、P、K 的含量分别为：N 为 0.37%，P 为 0.108%，K 为 2.239%。参照当地同期对有林地与无林地土壤侵蚀模数的计算，有林地比无林地每年减少土壤侵蚀模数为 36.85 t/hm²。经市场调研，该市所在地区拦截泥沙所需费用约为 1.5 元 /t，土壤容重约为 1.34 t/m³，对当期含 N、P、K 元素的碳酸氢铵、过磷酸钙和硫酸钾 3 种化肥的市场价格调研，其平均售价分别为 386 元 /t、365 元 /t 和 365 元 /t，根据公式（4−17）至公式（4−19）可计算得到减少的 N、P、K 流失量：

$$G_N = 1\ 047\ 847.05\ hm^2 \times 0.37\% \times 36.85\ t/hm^2 = 142\ 868.71\ t \tag{4-34}$$

$$G_P = 1\ 047\ 847.05\ hm^2 \times 0.108\% \times 36.85\ t/hm^2 = 41\ 702.22\ t \tag{4-35}$$

$$G_K = 1\ 047\ 847.05\ hm^2 \times 2.239\% \times 36.85\ t/hm^2 = 864\ 548.74\ t \tag{4-36}$$

依据上述计算结果，对该市森林资源的固土价值依据挖取或者拦截相同重量的泥沙所需费用进行计算，对森林保育土壤肥力、防止水土流失产生的价值，利用同等肥力的化肥的市场价格计算。依据公式（4−15）和公式（4−16）计算相应的价值：

$$U_{固土} = 1\ 047\ 847.05\ hm^2 \times 1.5\ 元/t \times 1.34\ t/m^3 \times 36.85\ t/hm^2 \div 1.34\ t/m^3 \times 10^{-4} = 5\ 791.97\ 万元 \tag{4-37}$$

$$U_{保肥} = （142\ 868.71\ t \times 386\ 元/t + 41\ 702.22\ t \times 365\ 元/t + 864\ 548.74\ t \times 365\ 元/t）\times 10^{-4} = 38\ 592.89\ 万元 \tag{4-38}$$

3. 固碳释氧价值计算

固碳价值以森林固碳的平均造林成本计算，释放氧气所产生的价值则以市场购买氧气的价格进行计算，最终得出该市森林资源固碳释氧的价值。该市所在地区属于温带森林地区，其第一净生产力约为 15 t/hm²；经查阅资料，该市森林资源固定 CO_2 的平均造林成本约为 273.3 元 /t；释放氧气所产生的价值可视同为购买等量氧气所需要的费用，经市场调查，购买氧气的价格约为 2.4 元 /kg，CO_2 中碳的含量为 27.27%，依据公式（4−20）和公式（4−21）计算相应的价值：

$$U_{固碳} = 1\ 047\ 847.05\ hm^2 \times 273.3\ 元/t \times 1.63 \times 27.27\% \times 15\ t/hm^2 \times 10^{-4} = 190\ 942.03\ 万元 \tag{4-39}$$

$$U_{释氧} = 1.19 \times 2.4\ 元/kg \times 10^3 \times 1\ 047\ 847.05\ hm^2 \times 15\ t/hm^2 \times 10^{-4} = 4\ 488\ 976.76\ 万元 \tag{4-40}$$

4. 净化大气环境价值计算

该市的优势树种多为针叶林，将针叶林资源对 SO_2 的年吸收能力视同为全部林区均为针叶林计算。查阅相关资料可知，针叶林对 SO_2 的吸附能力 $Q = 215.6\ kg/hm^2$，SO_2 的投资及处理成本 $P = 0.6$ 元 /kg；侧柏、油松等常绿树种的对氟离子的吸附能力为 0.5 kg/hm²，森林吸收氟化氢的价格采用燃煤炉窑大气污染物排污收费标准的平均值，为 0.16 元 /kg；森林每年吸收氮氧化物的能力为 380 kg/hm²，我国大气污染物排污收费标准为 1.34 元 /kg。基于上述参数，依据公式（4−24）至公式（4−26）进行计算可得：

$$U_{二氧化硫} = 0.6\ 元/kg \times 215.6\ kg/hm^2 \times 1\ 047\ 847.05\ hm^2 \times 10^{-4} = 13\ 554.95\ 万元 \tag{4-41}$$

$$U_{氟化物} = 0.16\ 元/kg \times 0.5\ kg/hm^2 \times 1\ 047\ 847.05\ hm^2 \times 10^{-4} = 8.38\ 万元 \tag{4-42}$$

$$U_{氮氧化物} = 1.34\ 元/kg \times 380\ kg/hm^2 \times 1\ 047\ 847.05\ hm^2 \times 10^{-4} = 53\ 356.37\ 万元 \tag{4-43}$$

第四节 | 森林健康评价

一、相关概念

森林健康（forest health）是指森林作为一个结构体，保持自身良好存在和更新并发挥必要的生态服务功能的状态和能力，即森林生态系统健康。森林健康是一个受价值观左右、含义模糊的术语，其定义存在着诸多争议。一般认为，健康的森林应具备如下特征：①在整个演替过程中应远离生态系统失调综合症，②对灾难变化具有恢复力，③主要植被生长所需的关键性资源的供给和需求应处于平衡状态，④演替阶段的多样性及管理实践与生态系统过程不会危害邻近的生态系统，⑤应以人为本，最大限度地满足人类不断增长的物质文化和身心愉悦的要求。

1. 森林健康评价指标体系

在进行森林健康评价时，可以从单木、林分、景观和区域4个空间尺度进行评价，构建的评价指标体系一般包括如下方面内容：①生产力方面指标：包含平均胸径、平均高、单位面积蓄积量和土层厚度等。②组织结构方面指标：包含郁闭度、灌木层高度、灌木层盖度、草本层盖度、腐殖质层厚度和层次结构等。③抵抗力方面指标：包含坡度、平均海拔、病虫害强度、火险系数和人为干扰强度等。需要注意的是，国内外学者构建的森林健康评价指标体系目前仍未形成统一认识，研究森林健康评价指标体系的基本框架，明确各评价指标之间的逻辑关系，构建具有可操作性的评价指标体系仍是该领域需要解决的科学问题。

2. 森林健康等级划分标准

森林健康评价结果的划分因研究人员所采用的评价指标体系与评价方法而异。我国森林资源连续清查将森林划分为健康、亚健康、中健康和不健康4个等级，如表4-4所示。也有其他学者将森林健康评价结果分为3~6个等级。

表4-4　我国森林健康等级标准

健康等级	程度描述
健康	林木生长发育良好，枝干发达，树叶大小和色泽正常，能正常结实和繁殖，未受任何灾害
亚健康	树木生长发育较好，树叶偶见发黄、褪色或非正常脱落（发生率10%以下），结实和繁殖受到一定程度的影响，未受灾或轻度受灾
中健康	林木生长发育一般，树叶存在发黄、褪色或非正常脱落（发生率10%~30%），结实和繁殖受到抑制，或受到中度灾害
不健康	树木生长发育达到不正常状态，树叶多见发黄、褪色或非正常脱落（发生率30%以上），生长明显受到抑制，不能结实和繁殖，或受到重度灾害

3. 森林健康评价模型

（1）VOR 模型：多见于国内研究者的研究，评价对象的尺度从全国尺度到林分尺度均有涉及。该模型较为简单，过于理论化，不易操作。

$$HI = V \times O \times R \tag{4-43}$$

式中：HI 为森林健康指数；V 为系统活力；O 为系统组织；R 为系统恢复力。

（2）健康指数法模型：

$$HI = \sqrt{V \times O \times R} \tag{4-44}$$

式中：HI 为森林健康指数；V 为系统活力；O 为系统组织；R 为系统恢复力。

（3）综合构成指数模型：优点是群落特征概括较周全，缺点是专家评分的主观性较大。

$$ICI = \ln \left(\sum B \times \sum IV \times CAV \right) \tag{4-45}$$

式中：ICI 为综合构成指数；B 为生物量；IV 为分层重要值；CAV 为顶级适应值。

（4）生态系统健康评价模型：该模型容易计算（孔红梅，2002），但结果为相对值，不易检验。

$$EHI = \sum_{i=1}^{n} \left(b_1 x_1 + b_2 x_2 + \cdots + b_n x_n \right) \tag{4-46}$$

式中：EHI 为生态系统健康指数；b_1，b_2，$\cdots$，b_n 为指标权重；x_1，x_2，$\cdots$，x_n 为指标相对值。

二、评价方法

1. 主成分分析法（principal component analysis，PCA）

该方法是利用降维的思想，将多指标转化为少数几个综合指标的多元统计分析方法。克服了某些评价方法中人为确定权重的缺陷，使得综合评价结果唯一，而且客观合理。但该方法的样本需求量大，计算过程比较复杂。

2. 层次分析法（analytic hierarchy process，AHP）

该方法是对非定量事件进行定量分析的一种简单方法，将一些定量、定性混杂的问题综合为统一整体进行综合分析。能够有效地确定指标权重，将定性因子定量化，并能在一定程度上减少主观影响，是一种较为科学合理、简单易行的方法，已被广泛使用。但是，该方法在应用中仍摆脱不了评价过程中的随机性和评价专家主观上的不确定性及认识上的模糊性。

3. 多元线性回归（multiple linear regression，MLR）

多元线性回归模型表示一种地理现象与另外多种地理现象的依存关系，这时另外多种地理现象共同对一种地理现象产生影响，作为影响其分布与发展的重要因素。

4. 模糊综合评价法（fuzzy comprehensive evaluation，FCE）

根据给出的评价指标和实测值，经过模糊变换后做出综合评价，使得难以量化的定性问题能够转化成定量分析。通过建立模糊综合加权平均模型评价森林健康状况，可以较好地解决评价标准边界模糊和检测误差对评价结果的影响。

5. 灰色关联度分析法（grey relational analysis，GRA）

是一种多因素统计分析方法，以各因素的样本数据为依据，用灰色关联度描述因素间关系的强弱、大小和次序，其基本思想是根据曲线几何形状的相似程度判断关联度程度。该方法定量考虑多个因子的作用，得出具有可比性的综合性指标，从而提高了综合评估的准确性和有效性，避免了人为评判的主观性。

6. 人工神经网络法（artificial neural network，ANN）

该方法产生于 20 世纪 40—50 年代，特别适合于因果关系复杂的非确定性推理、判断、识别和分类等问题。

三、评价案例

以某天然落叶松的单木健康评价为例，主要步骤及方法如下。

1. 指标筛选及标准化处理

依据相关标准和技术规范，综合借鉴国内外相关研究成果，结合研究对象和研究区现状特征，遵循科学性、针对性和可操作性原则，采用定性与定量相结合的方法进行指标筛选及数据收集工作。在单木尺度选取了如下指标：透视度、重叠程度、枯梢比重、活冠层比重、偏斜程度。

对各指标的原始数据进行标准化处理，一般可采用 min-max 标准化和 z-score 标准化等方法。

2. 指标赋权

一般可采用层次分析法、专家评分法或熵权法计算各指标的权重。本例采用熵权法计算各指标权重如表 4-5 所示。

表 4-5 单木健康评价指标权重

指标	透视度 X_3	重叠程度 X_4	枯梢比重 X_5	活冠层比重 X_6	偏斜程度 X_7
熵值	0.990	0.990	0.995	0.979	0.991
信息效度值	0.010	0.010	0.005	0.021	0.009
熵权	0.181	0.184	0.092	0.381	0.162

3. 评价分级标准

采用常用的等距划分法作为健康等级的分级标准，如表 4-6 所示。

表 4-6 单木健康评价分级标准

健康等级	健康	亚健康	中健康	不健康
综合指数得分	（0.75，1]	（0.5，0.75]	（0.25，0.5]	[0，0.25]

4. 评价结果

各样地单木健康等级统计及全部样地的单木健康评价结果统计如表 4-7 和表 4-8 所示。

表 4-7 各样地单木健康等级株数统计（株）

样地号	健康	亚健康	中健康	不健康	样地号	健康	亚健康	中健康	不健康
P01	68	38	0	4	P23	26	34	2	0
P02	56	43	0	2	P24	23	91	2	1
P03	16	19	0	11	P25	3	118	22	4
P04	3	77	7	42	P26	4	87	1	11
P05	52	35	0	30	P27	6	41	0	0
P06	12	87	1	9	P28	20	64	0	1
P07	10	59	1	1	P29	2	159	4	6
P08	16	99	0	5	P30	13	82	2	5
P09	45	176	2	2	P31	18	105	2	5
P10	33	115	3	1	P32	12	78	0	1
P11	4	71	1	38	P33	6	99	4	10
P12	17	93	3	13	P34	20	101	3	0
P13	89	29	3	0	P35	26	21	2	0
P14	1	95	8	0	P36	11	48	1	0
P15	19	37	1	8	P37	13	69	2	2
P16	7	63	0	11	P38	10	80	0	3
P17	51	103	5	10	P39	10	92	4	11
P18	22	70	0	7	P40	14	104	0	0
P19	8	115	1	7	P41	4	171	1	0
P20	42	58	0	0	P42	11	101	3	0
P21	21	150	2	27	P43	15	119	1	0
P22	34	65	1	0	P44	14	77	0	4

表 4-8 全部样地单木健康评价结果统计

健康等级	健康	亚健康	中健康	不健康
株数	907	3 639	92	306
株数比例 /%	18.34	73.60	1.86	6.20

第五章
森林经营方案编制

　　由于林业生产的长期性和功能的多样性以及对象的复杂性，经营单位要合理组织生产，只能通过中长期的经营规划逐步去实现。森林经营方案（forest management scheme）是森林经营主体为了科学、合理、有序地经营森林，充分发挥森林的生态、经济和社会效益，根据森林资源状况和社会、经济、自然条件，编制的森林培育、保护和利用的中长期规划，以及对生产顺序和经营利用措施的规划设计，对一定地域内的森林资源按时间顺序和空间秩序安排林业生产措施的技术性文件。在一个森林经理期（一般为 10 年）内，以森林区划和森林资源调查为基础，林业局或林场对其全部经营活动进行定时（落实到年度）、定位（落实到小班）、定量（计算具体工作量）、定策（制定详细的经营措施）的规划设计，是森林经理工作的主要成果之一。

　　森林经营方案是森林经营主体和林业主管部门经营管理森林的重要依据。编制和实施森林经营方案是一项法定性工作，森林经营主体要依据经营方案制订年度计划，组织经营活动，安排林业生产。林业主管部门要依据经营方案实施管理，监督检查森林经营活动。森林经营方案的编制与实施要有利于优化森林资源结构，提高林地生产力；有利于维护森林生态系统稳定，提高森林生态系统的整体功能；有利于保护生物多样性，改善野生动植物的栖息环境；有利于提高森林经营者的经济效益，改善林区经济、社会状况，促进人与自然和谐发展。

　　编制森林经营方案时，需要按照规定的编制程序进行，主要步骤包括：①前期准备：包括组织准备、基础资料收集及编案相关调查，确定主要技术经济指标，编写工作方案和技术方案，召开森林经理会议。②系统评价：对上一森林经理期森林经营方案的执行情况进行总结，对本经理期的经营环境、森林资源现状、经营需求趋势和经营管理要求等进行系统分析，明确经营目标、编案深度与广度，以及需解决的主要问题或重点内容。③经营决策：在系统分析的基础上，分别不同侧重点提出若干个优选备用方案，对每个备选方案进行长周期的投入产出分析、生态与社会影响评估，选出最佳方案。④公众参与：广泛征求管理部门、经营单位和其他利益相关者的意见，以征求意见后的最佳方案作为规划设计的依据。⑤规划设计：在最佳方案控制下，进行各项森林经营规划设计以及编写经营方案文本。⑥评审修改：按照森林经营方案管理的相关要求进行成果送审，并根据评审意见进行修改、定稿，提请相关林业主管部门验收后，交付实施。

我国《森林法》明确规定了森林经营方案的编制单位以及需要编制的森林经营方案类型。根据不同性质森林经营主体的差异及其对应于森林经营方案内容和深度的不同，森林经营方案的编制单位分为一类编案单位、二类编案单位和三类编案单位（表5-1），对应的森林经营方案类型包括：①森林经营方案：一类编案单位依据有关规定组织编制，内容一般包括森林资源与经营评价、森林经营方针与经营目标、森林功能区划、森林分类与经营类型、森林经营、非木质资源经营、森林保护、森林经营基础设施建设与维护、投资概算与效益分析、森林经营的生态与社会影响评估、方案实施的保障措施等。②简明森林经营方案：二类编案单位在当地林业主管部门指导下组织编制，主要内容包括：基本情况、森林资源现状、经营总体规划（经营决策）、森林经营设计、森林采伐利用设计、多种经营设计、经济分析和综合评价等。③规划性质的森林经营方案：三类编案单位由县级林业主管部门组织编制，主要内容包括：经营方针和目标、林业区划与森林经营单位组织、森林经营设计、森林保护设计、森林采伐设计、多种经营与综合利用设计、基本建设规划、费用估算和经济效益分析等。

表 5-1　森林经营方案的编制单位

经营单位	单位性质、规模	编制方案类型
一类编案单位	国有林业局、国有林场、国有森林经营公司、国有林采育场等国有林经营单位	森林经营方案
二类编案单位	达到一定规模的集体林组织和非公有制经营主体	简明森林经营方案
三类编案单位	其他集体林组织或非公有制经营主体，以县为编案单位	规划性质的森林经营方案

第一节 | 编制要点

一、上期森林经营管理评价

分析自然、社会和经济环境条件，找出影响森林经营的有力因子、潜力因子和障碍因子；分析上期森林经营方案的执行、目标任务的完成及成效情况；对照森林可持续经营标准与指标，评价经营单位是否满足森林可持续经营的要求。可重点从森林结构、森林生长、森林更新、生物多样性、碳汇能力、地力、投入产出等方面定量分析上期森林经营管理的成果。不仅对于改善经营单位自身的经营管理具有较好的预警作用，同时对于摸清林业家底，编制切实可行的森林经营方案，实时掌握林业经营状况亦具有重要的现实意义。

在进行森林经营管理评价时，可参考如下指标体系进行系统量化分析，如表5-2所示。

表 5-2 森林经营管理评价指标体系

目标层	准则层	指标层	指标含义
森林经营管理评价	森林质量	单位面积蓄积（m^3/hm^2）	蓄积/面积
		平均胸径（cm）	活立木的平均胸径
		平均高（m）	活立木的平均树高
		树种组成	由树种名称及相应的组成系数写成组成式
		林龄结构	幼龄林：中龄林：近成熟林：成熟林：过熟林
		森林土壤	土壤容重和土壤养分
		林下植被	林下灌木、草本、下木数量
		生态公益林比重（%）	生态公益林面积/土地总面积
		郁闭度	单位面积林冠覆盖林地面积与林地总面积之比
	生长情况	单位面积林木生长量（m^3/hm^2）	期单位面积蓄积 – 期初单位面积蓄积
		活立木蓄积生长量（m^3）	期末活立木蓄积 – 期初活立木蓄积
		平均胸径生长量（cm）	调查间隔期内活立木的平均胸径生长量
		平均高生长量（m）	调查间隔期内活立木的平均树高生长量
	森林培育	造林面积完成率（%）	实际完成造林面积/计划造林面积 *100%
		造林面积保存率（%）	成活株数/造林总株树 *100%
		更新完成率（%）	实际完成更新面积/应更新面积 *100%
		低产林改造完成率（%）	实际完成低产林改造面积/应改造面积比重 *100%
		森林抚育完成率（%）	实际完成森林抚育面积/应抚育面积比重 *100%
		森林管护完成率（%）	实际完成森林管护面积/应管护面积比重 *100%
	开发利用	林地利用率（%）	有林地面积/林地面积 *100%
		采伐量占比	采伐量/生长量
		林下资源开发比重（%）	林下资源开发面积/林地面积 *100%
	森林管护	森林病虫害等级评定	无（受害立木株数 10% 以下）、轻（受害立木株数 10%～29%）、中（受害立木株数 30%～59%）、重（受害立木株数 60% 以上）
		森林火灾等级评定	无（未成灾）、轻（受害立木株数 20% 以下，仍能恢复生长）、中（受害立木株数 20%～49%，生长受到明显抑制）、重（受害立木株数株数 50% 以上，以濒死木和死亡木为主）
		气候灾害等级评定	无（未成灾）、轻（受害立木株数 20% 以下）、中（受害立木株数 20%～59%）、重（受害立木株数 60% 以上）

续表

目标层	准则层	指标层	指标含义
森林经营管理评价	经济效益	营林收入（万元）	Σ（木材单价 * 销售数量）
		营林成本（万元）	造林、抚育、砍伐等成本之和
		其他收入（万元）	森林旅游、林下经济等成本之和
		职工平均收入水平（元/人/年）	总收入/职工人数
		职工平均收入水平增长率（%）	（期末平均收入水平/期初平均收入水平−1）*100%
	生态效益	气候调节	温度、湿度、风速等方面
		固碳释氧	固碳、释氧
		保育土壤	固土、保肥
		涵养水源	调节水量、净化水质
		养分循环	植物体营养积累、土壤营养积累
		净化大气	提供负离子、吸收污染物质、降低噪声、阻滞尘土
		森林防护	森林防护
		生物多样性保护	物种多样性指数（如 Shannon-Wiener 指数）
	社会效益	提供就业机会	
		带动产业发展	
		示范带头作用	
		提供科教场所	

二、森林资源分析评价

1. 资源现状分析

（1）林地资源：林地类型及利用现状、林地保护等级及保护状况，以及不同质量林地状况、分布、结构和地力维持状况等特征。

（2）森林资源数量：不同森林类型的面积、蓄积和分布等特征。

（3）森林资源质量：森林单位面积的蓄积量、生长率，以及平均郁闭度、胸径、株数及分布状况等。

（4）森林资源结构：森林资源的类别、林种、树种、年龄和权属等结构特征。

2. 动态变化分析

分别森林资源数量、质量和结构等特征指标分析动态变化情况，分析变化特征、趋势及影响因素。

3. 功能评价

（1）评价森林提供木材与非木质林产品的能力。

（2）评价森林保持水土、涵养水源、防风固沙和增加碳汇等生态服务功能。

（3）评价森林增加森林旅游服务、劳动就业、居民收入等社会服务功能。

三、森林经营方针与目标

1. 森林经营方针

在综合考虑国家和地方有关法律法规和政策、现有森林资源及其保护利用现状、森林经营特点及基础条件等的基础上，提出经营单位具有针对性、方向性的长期行动指南，即森林经营方针。

2. 经营目标

在森林经营方针的指导下，森林经营单位提出本经理期达到森林可持续经营状态的长远经营目标和阶段经营目标，主要从林地利用结构、林种结构、树种结构以及景观层次的年龄结构与斑块分布状况等角度阐述。分别从森林资源发展、保护、利用和保障等方面确定本经理期可以达到的主要经营指标，一般选用可以综合反映森林经营效益，代表性强、灵敏度高、可测度好的指标，如表 5-3 所示。

表 5-3　森林经营目标的主要指标

指标类	指标群	指标项
森林资源	数量变化	森林面积保有量、森林蓄积保有量
	质量变化	平均郁闭度、林分单位面积蓄积量、林地利用率、林分平均胸径、森林蓄积生长量（率）、退化森林（林地）修复率
	结构变化	公益林与商品林比率、树种面积比率、各龄组面积与蓄积比、混交林增长率、天然林比率
产品生产	木材生产	木材产量、商品材率、单位木材净收益
	非木产品	非木产品产量、非木产业收益、单位林地非木业产值
森林服务	生态保护	主要灾害危害面积下降率、土壤侵蚀模数降低率、水土流失控制率、沙化土地治理率
	森林健康	林火发生率、森林灾害发生率
	生物多样性保护	重点保护林地比率、珍稀（濒危）物种栖息地面积、自然保护区面积
	森林游憩	森林游憩面积及比例、年接待人数、年旅游收入
经营成效	经济效益	森林资产、林业增加值增长率、经营利润增长率、经营基础设施投资增长率、职工福利增长率
	生态效益	森林覆盖率、林木绿化率、植被覆盖率
	社会效益	森林经营用工量、人均林业纯收入

四、森林经营布局

1. 森林功能区划

综合考虑林业区划、土壤区划和经济区划等区划成果，根据森林资源分布状况以及自然、社会、经济发展现状，以小流域、山系或林班等为单位，将经营范围划分为若干个具有不同功能和经营方向的功能区或林种区。

2. 森林分类区划调整

未进行森林分类区划或未落实森林分类区划调查的编案单位，应依据国家和地方森林分类区划界定办法进行区划调查，将生态公益林、商品林落实到小班；已进行区划界定的编案单位，在本经理期内确需调整森林类别时，可在编案前根据经济社会发展需求，依据相关管理办法进行适当调整。

3. 森林管理类型区划

按照《全国森林资源经营管理分区施策导则》的分类方法，根据编案单位生态区位重要性、生态脆弱性和资源特点，从经济社会要求和森林经营管理的主导方向出发，将森林划分为严格保护类、重点保护类、保护经营类和集约经营类4种管理类型，并采取不同的经营管理策略（表5-4）。

表5-4　不同森林管理类型的主要经营管理策略

管理类型	主要培育策略	主要利用策略
严格保护	仅进行适度的卫生清理	不进行采伐利用活动
重点保护	进行低强度的抚育间伐、卫生伐，一般不进行林下清理	可进行低强度的更新择伐
保护经营	推行梯度经营、疏伐体制，以伐促抚、采育结合	可对主林层进行主伐、更新采伐，人工林可皆伐，控制皆伐面积
集约经营	定向培育、集约化经营管理	以小面积皆伐为主，保留缓冲带

五、森林经营类型的划分

不同的林分有不同的经营措施，把相同经营措施的林分归类到一起，就形成了一类经营类型，这种归类工作就是森林经营类型的划分。森林经营类型是森林经营过程中合理经营和科学管理的重要依据。在木材生产、更新造林、抚育经营和森林保护等方面具有指导作用；在森林经营规划上，可以按各森林经营类型建立一套完整的经营措施体系，简化了规划设计工作。因此，正确划分森林经营类型是至关重要的。

1. 森林经营类型的划分

每一个森林经营类型，需要制定一套完整的经营措施体系。经营水平越高，组织的森林经营类型数量也越多；反之，则森林经营类型数量少一些。依据功能区划、森林分类区划和管理类型区划成果，以及当地森林经营条件和编案单位森林资源特点等，进行森林经营类型的设计。每一个森林经营类型应明确培育目标、主要树种（组）、经营周期、林地选择、造林措施、培育措施和采伐更新等方面的具体技术措施。组织森林经营类型与经营单位的经济条件和经营水平有关，一般主要依据树种（组）、起源、立地质量、经营目的和作业方式等因子，有时也兼顾其他因子（表5-5）。

2. 森林经营类型的命名

在森林经营类型的命名方面，有林地森林经营类型可根据立地类型、树种（组）、起源、

表 5-5 森林经营类型的组织（例）

森林类别	二级林种	起源	树种（组）	立地类型	森林经营类型	培育目标	龄级	龄组	作业方式	期初面积 / hm²	期末面积 / hm²
生态公益林	水源涵养林	天然	栎类	阴坡中、厚层黄壤	低山栎类天然水源涵养林	防护林管护型	IV	近熟林	封育		
	……										
商品林	一般用材林	人工	云南松	阳坡中、厚层红壤	丘陵云南松人工一般用材林中径材	用材林主伐利用型	III	中龄林	皆伐		
	……										

林种和材种等关键词进行命名，例如："低山马尾松人工一般用材林大径材"。灌木林地依据第一层林冠中株数密度最大的灌木和立地类型、起源和林种进行命名。疏林地、未成林地、无立木林地和宜林地达到有林地标准后，再加以命名。

六、森林培育规划

森林培育是森林经营的重要组成部分和林业生产的重要环节。森林培育过程要按照分类经营的思想和原则，充分利用立地分类评价成果，在适地适树原则的基础上，根据经营目标选择适宜的造林更新树种、造林更新方式和经营措施，并按照森林生态系统经营理念积极开展森林经营活动，提高森林生产力，维护森林生态系统健康和活力，提高水土资源保护能力，维护生物多样性。重点从如下方面进行规划设计。

1. **造林**

包括造林对象、造林方式与措施、造林任务、组织与年度安排等的规划设计（表 5-6）。

2. **抚育**

包括抚育类型及实施对象、抚育任务、组织与年度安排等的规划设计。

3. **改造**

包括改造措施及实施对象、抚育任务、组织与年度安排等的规划设计。

表 5-6 云南松人工造林典型设计（例）

森林经营类型		丘陵云南松人工一般用材林中径材					
适宜的立地条件特征		坡向：阳坡					
		海拔：1 400～1 950 m					
		土壤：黄棕壤、黄红壤、红壤					
造林树种及混交方式		10 云南松					
造林技术措施	初植密度、株行距	云南松 33 株/亩，4 m×5 m		栽植点配置图式 剖面图			
	配置方式	品字型					
	林地清理	带状清理					
	整地	穴状整地 80 cm×80 cm×60 cm 时间：定植前一个月以上					
	苗木	云南松 $H \geqslant 1.6$ m，$D \geqslant 6$ cm		平面图			
	栽植	5—7 月造林					
	基肥	复合肥：2 kg/株 农家肥：20 kg/株					
	追肥	次年、第三年春季抚育时各追复合肥一次，每次每株 0.5 kg，3.5 kg/亩					
	中耕、除草	种植后每年除草 3 次 防虫治病 3 次					
	经营管理	严禁放牧、割草等人为活动。 每年注意病虫害防治		图例：云南松			
造林用工量 （工日/亩）		合计	林地清理	整地	栽植	灌水、施肥	打药、中耕除草
		5.0	0.5	1.0	0.5	2.0	1.0

七、森林采伐规划

持续生产木质林产品，满足经济和社会发展需求，是森林可持续经营的主要目标之一。木质林产品生产必须严格遵照森林经营方案的要求，考虑市场对木材材种的需要，只能对达到设计收获水平的用材林和工业原料林等商品林进行采伐利用。对于一般公益林的采伐利用，必须在不影响主导生态服务功能的基础上，慎重采取相应的采伐利用方式，获取木质林产品。禁止在重点公益林中采取以获取木材产品为主要目标的采伐活动。木材生产过程中，应充分注意维持森林整体结构功能的稳定及良好的更新能力，森林采伐活动要有利于调整林龄结构、树种结构，保持森林持续生产木材的能力。合理年伐量的测算应遵从以下基本原则：用材林年采伐消耗量应低于年生长量；经理期末林分单位蓄积量应高于经理期开始时的林分单位蓄积量；择伐周期不应少于 1 个龄级期；不提前主伐未成熟森林；年采伐量保持适当稳定，使森林资源得到可持续利用；将森林采伐对生态环境的影响降到最低。重点从如下方面进行规划设计。

1. 确定合理年伐量

合理年伐量由商品林采伐量和生态公益林采伐量 2 部分组成。商品林采伐由主伐、抚育采伐、林分改造和其他采伐 4 部分组成；生态公益林采伐由抚育采伐、更新采伐、低效林改造和其他采伐 4 部分组成。编案单位面积较小或经营类型单一时，可分别林种、采伐类型采用成熟度公式、轮伐期公式、第一林龄公式、第二林龄公式等不同公式计算；一般采用数学规划、运筹学、信息技术等系统分析方法进行多目标、多资源的森林经营决策分析；应综合考虑森林经营的生态、社会与经济影响，注重森林的生态、经济与社会效益的可持续性；一般应采用多方案对比分析的方法，评价每个采伐方案的投入、产出与中长期影响。编案单位测算的各种年采伐量之和是确定合理年采伐量的基础，通过对测算的合理年采伐量与生长量、上期采伐量比较，以及不同采伐类型之间比较，结合国家、地方的林业产业政策、企业经济状况、当地社会经济发展需求、市场需求、环境承受力等各种制约因素，根据经营单位的经营能力、后备资源等方面的实际情况，选择不同的决策优化方法确定森林合理年采伐量。合理年采伐量应按规划前期、后期分别森林采伐类型分解。

2. 伐区生产规划

首先，依据森林资源调查与补充调查成果，筛选适宜采伐的森林小班，分别经营区按森林类别—林种—森林经营类型和采伐类型进行采伐小班筛选与组织。其次，进行伐区配置，需遵循如下要求：充分发挥现有道路、生产条件，选用合理的工艺流程，降低生产成本；所有需要采伐作业的小班按一定规模组织为不同的伐区，同一伐区一般安排在同一年度或季度作业；根据确定的合理年采伐量，以伐区为单位进行作业顺序安排，规划各年度的采伐地点、面积与采伐量。然后，依据林分材种出材率和年合理采伐量，按采伐类型测算各年度的木材产量与材种结构。最后，根据各年度的伐区配置、木材生产规模等，进行木材的采、集、运、贮、造材、加工与利用及其相应基础设施建设规划。

3. 森林更新

针对主伐、更新采伐和低产低效林改造作业小班，应进行森林更新规划，规划内容与方法同森林培育规划中的造林规划。

需要强调的是，森林采伐前一年必须完成采伐作业设计调查，并提倡使用环境友好型的生态采伐方式。按照经营规模，明确森林区划与经营布局、伐区范围和界限、合理的年采伐量及各种采伐类型的比例。采伐作业设计应明确木材及其他木质林产品产量、质量（规格）、集材道、森林采伐配套设施的修建与维护。明确伐区位置和界限、采伐类型、采伐方式、强度、总量、时间，缓冲区设置等作业要求。对保护溪河岸边缓冲带、母树或关键物种等要在作业设计中提出相应的保护措施，尽量减少对环境的破坏。禁止破坏森林植被和森林土壤的顺坡集材。

八、森林多资源利用规划

除木质林产品的持续生产外，非木质林产品的经营和收获以及森林游憩功能也是森林多资源利用的方面。重点从如下方面进行规划。

1. 经济林经营

规划内容主要包括：根据种植传统，按照名、特、优、新的原则选择适宜发展的经济林类型和树种、品种；根据市场需求、土地资源、产品质量、经营加工能力、储存能力及运输条件、地方特色名牌效应等因素确定经济林种植结构、发展规模；依据国家、地方相关技术标准规划设计不同种植品种的经营管理措施。

2. 薪炭林经营

分别从柴山经营和生物质能源培育 2 个方面规划经营规模。

3. 林下资源培育利用

以市场为导向，分析林下资源原料自给率及来源、产品竞争能力、市场占有率，规划利用方式、程度、产品种类和规模。

4. 风景林保育

在森林景观资源调查的基础上，进行景观资源区划，将具有保护价值的森林景观区域区划出来，分别区域实施保育策略。

5. 森林游憩规划

按照景观功能区或森林旅游地类型进行规划，充分利用林区地文、水文、天象、生物等自然景观和历史古迹、古今建筑、社会风情等人文景观资源，规划森林游憩的范围、面积、项目、景点、路线、基础服务设施等。

九、森林保护规划

1. 森林管护

经营规模较大、森林资源相对集中的区域，采取集中管护模式，按照林场 - 分场 - 工区等层次分层建立管护体系；森林资源较分散的区域，采取承包管护模式，按沟系、林班将森林管护责任承包到户、到人；合作造林、联社造林等森林资源，应与联合方明确森林管护责任，采取委托管护等适宜模式；建立森林管护队伍，明确管护员的管护地段、管护时段；重点公益林管护则需要对经营范围内的国家级公益林、地方重点公益林进行独立的森林管护规划，明确管护范围、面积、形式、人员与责任，并与生态效益补偿资金直接挂钩。

2. 森林防火

依据森林资源分布、不同树种燃烧特性、人员活动状况等，进行森林火险等级区划、森林防火防控区划，明确重点防火区域（地段）、范围、面积及区域社会经济情况；根据气候、物候和其他相关因子，确定防火期与重点防火巡逻期；防火"五网"（观察瞭望网、通讯联络网、巡逻联防网、林火阻隔网、预测预报网）体系规划；制定森林防火布控与森林防火应急预案；防火组织机构和防火队伍规划；防火装备建设规划；有条件地区可以规划林火利用方案，利用控制火烧技术减少林下可燃物。

3. 林业有害生物防治

确定经营范围内的防治、控制和检疫对象；依据病虫鼠害种类与分布、危害程度和防治方法等因素，进行有害生物防治区划；根据近年来病虫鼠害发生与防治情况、经理期内病虫鼠害预测预报结果以及综合防治能力等因素，规划有害生物防治规模；防治与控制技术措施设计，与营造林措施紧密结合，通过营林措施辅以必要的生物防治、抗性育种等措施，降低和控制林内有害生物的危害，提高森林的免疫力；林木有害生物预测预报系统、监测预警体系、林木检疫站点与处理场建设规划；森林保护组织机构、森林保护队伍与装备建设规划；林木有害生物防控、外来有害生物和疫源疫病防控预案。

4. 地力维护

地力维护应与营造林措施设计紧密结合，将有利于培肥地力的技术措施贯穿于森林经营的全过程，重点考虑培育技术、采伐要求、培肥技术、防污要求。

5. 森林集水区管理

通过森林集水区经营管理规划，将采伐、造林、修路等森林经营活动导致的非点源污染降到最小，规划内容包括集水区区划、缓冲区（带）管理和敏感区域管理等。

6. 生物多样性保护

将高保护价值森林区域作为生物多样性保护的重点区域，明确高保护价值区域的范围、类型与保护特点，因地制宜地提出保护措施；重点保留地带性典型森林群落、原始林、天然阔叶混交林；明确区域指示型重点保护物种，通过指示物种栖息地的保护有效维护物种、遗传基因多样性；以林班或小流域为单位，确定适宜的树种比重、森林类型比重和龄组结构，保持物种组成的异质性、空间结构的异质性和年龄结构的异质性；注重保护珍稀濒危物种和关键树种的林木、幼树和幼苗，在成熟的森林群落之间保留森林廊道；对于某些特定物种或生态系统，可以规划控制火烧、栖息地改造等措施，满足濒危野生动植物物种特定的栖息地要求。

十、基础设施建设规划

1. 种苗生产设施

区划种质资源保存区，包括种子园、母树林、林木良种基地等用于种子生产规划；根据经理期造林更新和绿化苗木需求量，进行苗圃、采穗圃、采根圃建设用于苗木生产规划。

2. 林道设施

以满足集运材、营造林的实际需要为目的，按照相关技术标准的要求进行林区道路网的建设与维护规划。

3. 营林设施

根据林区森林资源分布、木材生产规模与合理流向、贮存与转运现状与特点以及交通衔接等诸因素，确定生产用房（工区房、仓库、护林站点）、临时性贮木场与转运场的新建、改扩建、维护的数量、位置和规模等。

十一、投资概算与效益分析

1. 投资概算与资金来源

（1）投资概算。依据国家、地方投资概算主要规定，编制本经理期的投资概算，并将投资概算分解到年度。

（2）资金来源。森林经营所需资金的筹措方式因经营单位的性质不同而差异较大，编案中应明确常规性资金项目的来源及额度。

2. 经济效益分析

（1）财务分析。分别木材产品、非木产品、种苗、服务业等产品门类、规格、数量，按市场调查确定的本经理期产品价格，测算每年的经营产品销售收入；根据现行各类产品或服务的税种、税率，育林基金、林价提取等各类费种、费率，测算每年森林经营的相应税费；分别营林生产、木材生产、非木产品生产、旅游服务、森林保护、生态与生物多样性保护、基础设施维护等，按照成本构成测算各项成本支出费用；分别年度测算编案单位的森林经营总利润，以及木材生产、非木生产、旅游服务等分项经营利润。

（2）森林资源资产状况。预测、分析、评价本经理期内森林资源的数量、质量、结构改善情况，包括森林覆盖率、森林面积、森林蓄积量、可采森林资源等净增长情况；对森林资源中具备资产条件的部分资源性资产进行市场价值量方面的总评估和净增长评估。

3. 社会效益分析

（1）用工量分析。重点测算、分析、评价每年因造林更新、森林抚育、森林采伐、非木资源经营、森林游憩、森林保护、营林设施建设等各项森林经营活动的用工状况，包括用工需要量、可以提供的固定工作岗位与临时工岗位数、用工性支出等。

（2）森林游憩分析。重点测算森林资源可提供的森林游憩的主要活动，以及游憩规模、每年接待能力、森林生态文化教育能力等。

（3）人居环境改善分析。从森林经营对投资与生产建设环境改善、人居环境与森林保健、林产品市场发育等多方面分析评价森林经理期前后的服务功能变化情况。

4. 生态效益分析

（1）水土资源安全。主要是从保持水土、涵养水源、保持和改善经营区域的水土资源安全角度进行分析，包括水土流失控制面积、土壤侵蚀状况、植被盖度改善状况、饮用水源地保护状况等方面进行分析评价。

（2）生物多样性保护。主要从区域生态系统、物种多样性、遗传基因多样性保护等方面进行分析评价，包括重点保护森林规模、高保护价值森林的保护状况、指示重点物种栖息地改善状况等。

（3）森林应对气候变化。主要测算、分析、评价森林经营改善、增加森林碳汇功能的情况，以及森林经营增强森林应对气候变化能力情况等。

第二节 | 编制提纲案例

一、森林经营方案

以某县林业和草原局编制森林经营方案为例，建议编写提纲及主要成果材料如下。

1. 方案文本

（1）自然社会经济条件分析；

（2）上期森林经营管理评价；

（3）森林资源分析评价；

（4）森林经营方针与目标；

（5）森林经营布局；

（6）森林经营类型的划分；

（7）森林培育规划；

（8）森林采伐规划；

（9）森林多资源利用规划；

（10）森林保护规划；

（11）基础设施建设规划；

（12）投资概算与效益分析等。

2. 表格材料

（1）森林经营单位基本情况表；

（2）森林资源现状表；

（3）立地类型、造林类型与森林经营类型设计表；

（4）造林更新、森林抚育改造、森林采伐规划表；

（5）木材及主要林产品生产规划表；

（6）种苗、用工量等测算表；

（7）森林经营投资概算表；

（8）森林经营成本、收入、利润等财务分析表等。

3. 图面材料

（1）森林资源分布现状图；

（2）经营区划与经营布局图；

（3）森林分类区划图；

（4）森林经营类型分布图；

（5）森林经营规划图；

（6）森林采伐规划图；

（7）营林基础设施现状与规划图等。

4. 附件材料

（1）上级主管部门审批下达的计划（设计）任务书；

（2）相关会议纪要；

（3）相关技术经济指标表；

（4）森林资源分析报告；

（5）森林经营管理评价报告；

（6）森林经营决策分析报告；

（7）方案比较、论证资料，专家意见等。

二、简明森林经营方案

以某林业企业（具有相应的经营管理机构，且经营面积在 5 000~20 000 亩）编制简明森林经营方案为例，建议编写提纲及主要成果材料如下。

1. 方案文本

（1）基本情况；

（2）森林资源分析评价；

（3）森林经营方针与目标；

（4）森林经营布局；

（5）森林经营类型的划分；

（6）森林培育规划；

（7）森林采伐规划；

（8）森林多资源利用规划；

（9）森林保护规划；

（10）投资概算等。

2. 表格材料

（1）森林资源现状表；

（2）立地类型、造林类型与森林经营类型设计表；

（3）造林更新、森林抚育改造、森林采伐规划表；

（4）木材及主要林产品生产规划表；

（5）种苗、用工量等测算表；

（6）森林经营投资概算表等。

3. 图面材料

（1）森林资源分布现状图；

（2）经营区划与经营布局图；

（3）森林分类区划图；

（4）森林经营类型分布图；

（5）森林经营规划图；

（6）森林采伐规划图等。

4. 附件材料

（1）相关技术经济指标表；

（2）森林资源分析报告；

（3）森林经营决策分析报告；

（4）专家论证意见等。

三、规划性质的森林经营方案

以某村小型联合体（经营面积在 5 000 亩以下）编制规划性质的森林经营方案为例，建议编写提纲及主要成果材料如下。

1. 方案文本

（1）基本情况；

（2）森林经营类型的划分；

（3）森林培育规划；

（4）森林采伐规划；

（5）森林保护规划；

（6）投资概算等。

2. 表格材料

（1）森林资源现状表；

（2）立地类型、造林类型与森林经营类型设计表；

（3）造林更新、森林抚育改造、森林采伐规划表；

（4）木材及主要林产品生产规划表；

（5）种苗、用工量等测算表；

（6）森林经营投资概算表等。

3. 图面材料

（1）森林资源分布现状图；

（2）森林经营类型分布图；

（5）森林经营规划图；

（6）森林采伐规划图等。

4. 附件材料

（1）相关技术经济指标表；

（2）专家论证意见等。

专题实训

实训 1 │ 单木树高测量

【实训目标】

能够正确使用布鲁莱斯测高器,掌握单木树高测量的一般方法。

【实训形式】

以 2 人为一组,每组室外完成 4 种情况下的单木树高测量和计算。

【用品用具】

每组配备:布鲁莱斯测高器 1 个,皮尺 1 卷,科学计算器 1 台,记录板 1 个,记录表、铅笔、橡皮和草稿纸等。

【实训内容与方法】

1. 测点位置的确定。在视角等于 45° 时,利用布鲁莱斯测高器测量树高的精度较高。根据待测木所处地形、树干梢顶的可视条件,在布鲁莱斯测高器上选择合适的水平距离。调查员甲持皮尺起始端以待测木树心为圆心,调查员乙利用皮尺测量该固定水平半径(选择的水平距离)确定测点位置。注意:在测点处应能清晰观察到待测木的树干梢顶。

2. 布鲁莱斯测高器的操作。调查员乙持布鲁莱斯测高器,按下启动钮,使指针自由下垂,用瞄准器对准主干梢顶,待指针不再摆动后,按下制动钮,固定指针,读数、记录。

3. 不同情况下的树高测量。依据待测木所处的地形,可分为如下 4 种情况(图 SX-1)。分别对这 4 种情况进行树高测量和计算。

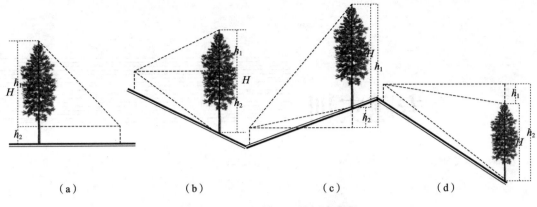

（a） （b） （c） （d）

图 SX-1　不同情况下的树高测量

【实训报告要求】

每组完成并提交单木树高测量记录表（表 SX-1）。

表 SX-1　单木树高测量记录

树号	水平距 D/m	h_1/m	h_2/m	H/m

实训 2 ｜ 单木年龄测量

【实训目标】

能够正确使用生长锥，掌握单木年龄测量的一般方法。

【实训形式】

不分组，每人室外完成单木年龄测量。

【用品用具】

每人配备：生长锥 1 个，带有微距拍照功能的数码相机或手机 1 部，记录板 1 个，记录表、铅笔、橡皮和草稿纸等。

【实训内容与方法】

1. 生长锥的安装。拧开锥柄一端的螺帽，将锥筒和取芯器取出；解锁锥柄中间的机械卡扣，将锥筒插入方孔中固定，锁紧卡扣，如图 SX-2 所示。

2. 钻取木芯。在待测木树干适宜操作的高度选定钻取位置，将锥筒钻头端垂直按于树干上，右手握锥柄中部，左手扶住锥筒以防摇晃；将锥筒钻头端先按压入树皮，而后用力按顺时针方向垂直于树干平稳旋转（图 SX-3），待转过髓心为止；将取芯器插入锥筒，稍许逆转以折断木芯并将其小心取出；将取出的木芯平置于记录板上，使用微距镜头拍照，得到清晰的数码照片；完成拍照后，将锥筒从树干中取出，将木芯插入钻取孔，并用白灰处理钻取处，以防止昆虫对敏感树种的侵害。

3. 查数年轮。在计算机或手机屏幕上查数木芯上的年龄数，即为钻取位置以上的树木年龄；加上由根颈至钻取位置高度所需的年数，即为树木年龄 A。

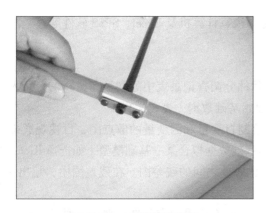

图 SX-2　生长锥的安装

图 SX-3　钻取木芯

【实训报告要求】

每人完成并提交单木年龄测量记录表（表 SX-2）。

表 SX-2　单木年龄测量记录

树号	树种	钻取高度 h/m	木芯年轮数	至钻取高度的年数 / 年	树木年龄 A/ 年

实训 3 | 树高曲线模型

【实训目标】

掌握采用数式法利用计算机软件拟合及优选树高曲线模型的分析方法。

【实训形式】

不分组，每人室内完成树高曲线模型的拟合及优选。

【用品用具】

每人配备：某亚热带马尾松纯林林分调查记录表，计算机及 Excel、SPSS 软件等。

【实训内容与方法】

1. 基础数据的建立。将某亚热带马尾松纯林林分调查记录表中的胸径和树高信息录入至 Excel，按每株树作为一条记录进行整理，建立原始基础数据（表 SX-3）。

2. 异常数据的剔除。首先，用计算机软件绘制自变量和因变量的散点图，目视观察确定明显远离样点群的记录并将其剔除；其次，利用基础数据拟合某一基础模型（如选择 Richards 方程作为基础模型），并绘制模型预估值与标准化残差之间的残差图。在残差图中，超出 ±2 倍标准差以外的数据作为极端观测值予以剔除。

3. 备选模型的确定。根据专业理论知识和前人研究成果确定备选模型，或通过观测自变量和因变量的散点图，结合专业知识确定备选模型。备选模型参考附表四"常用树高曲线方程"，至少选用其中的 5 种树高曲线方程作为备选模型。

4. 参数估计。基于剔除异常值后的数据，利用 SPSS 软件，采用选定的至少 5 种备选模型，分别进行回归模型的参数估计。

5. 模型评价与优选。结合各备选模型参数检验结果，比较各模型的拟合统计量，选择其中剩余平方和（RSS）最小、剩余均方差（MSR）最小、剩余标准差（RMSE）最小、相关系数（R^2）最大的模型作为最优树高曲线模型，并对最优模型进行残差分析和独立性检验。

【实训报告要求】

每人完成并提交至少 5 种备选模型的参数估计结果，以及依据拟合统计量确定的最优树高曲线模型。

表 SX-3 某亚热带马尾松纯林林分调查记录（样例）

树号	胸径/cm	树高/m	树号	胸径/cm	树高/m	树号	胸径/cm	树高/m	树号	胸径/cm	树高/m
1	14.4	12.0	31	24.7	15.0	61	26.1	15.6	91	47.8	25.2
2	18.9	15.1	32	6.8	5.5	62	31.4	16.3	92	44.3	23.5
3	40.7	21.2	33	16.9	11.5	63	25.3	15.5	93	28.6	20.3
4	20.5	15.3	34	32.3	15.7	64	9.4	8.1	94	17.0	19.5
5	9.7	8.5	35	34.9	16.1	65	10.3	9.4	95	19.7	18.8
6	10.8	8.9	36	28.1	17.2	66	6.2	6.5	96	18.3	16.5
7	8.1	7.3	37	32.1	16.2	67	8.7	8.1	97	27.2	18.6
8	9.4	7.5	38	26.8	16.6	68	12.6	10.7	98	20.6	14.5
9	11.6	8.6	39	41.9	22.9	69	6.1	7.3	99	25.4	17.7
10	8.3	7.0	40	9.0	7.8	70	11.5	9.5	100	25.0	17.1
11	7.6	6.5	41	5.8	5.6	71	9.3	8.5	101	16.8	15.5
12	7.3	6.1	42	10.3	9.3	72	11.4	10.1	102	16.0	15.5
13	9.1	8.8	43	10.8	9.2	73	10.4	9.5	103	17.2	16.5
14	8.8	8.2	44	11.3	9.6	74	13.1	10.9	104	9.2	9.2
15	8.6	8.1	45	12.9	10.5	75	10.0	9.4	105	21.0	18.5
16	7.5	6.5	46	11.4	9.9	76	5.8	5.2	106	13.5	11.5
17	6.7	5.5	47	11.9	10.5	77	12.7	10.5	107	32.1	17.0
18	7.8	6.5	48	36.4	18.5	78	8.6	8.5	108	26.9	18.1
19	13.7	11.5	49	27.8	18.2	79	11.8	10.1	109	28.1	21.0
20	13.0	10.8	50	26.8	16.1	80	5.5	6.1	110	27.6	18.5
21	10.4	9.1	51	35.6	17.9	81	7.3	6.5	111	13.6	11.2
22	11.7	9.4	52	6.4	5.6	82	8.5	7.9	112	18.5	15.9
23	7.2	6.1	53	10.2	9.6	83	8.4	7.5	113	21.5	18.2
24	12.5	10.9	54	6.3	6.7	84	9.8	8.5	114	24.9	15.5
25	5.8	5.5	55	9.0	7.9	85	5.3	5.0	115	10.8	9.5
26	11.4	9.4	56	8.1	8.3	86	9.0	8.6	116	8.1	8.2
27	15.0	12.5	57	6.1	5.8	87	12.7	10.5	117	6.1	5.5
28	8.8	8.5	58	9.0	7.7	88	12.0	10.1	118	31.2	16.9
29	9.7	8.5	59	9.9	8.5	89	9.5	8.9	119	24.1	16.8
30	14.1	11.3	60	6.9	6.1	90	11.4	9.9	120	30.5	17.1

实训 4 | 伐倒木材积测定

【实训目标】

熟悉伐木的操作方法，掌握平均断面区分求积式和中央断面区分求积式的测定内容和计算方法。

【实训形式】

以 4~5 人为一组，每组室外完成伐木及调查，室内完成 2 种区分求积式的计算。

【用品用具】

每组配备：手工锯 1 把，皮尺 1 卷，直径卷尺 1 个，劈刀 1 把，绳索若干，记录板 1 个，记录表、粉笔、铅笔、橡皮和草稿纸等。

【实训内容与方法】

1. 伐木。首先，根据树冠重心判断树木伐倒后的倒向，可利用绳索拖拽主干枝条控制倒向；然后，利用手工锯在树干伐倒方向一侧的根部锯出下锯口，在树倒方向的反侧锯出上锯口，将选定的待测木伐倒；利用劈刀将伐倒木的枝丫紧贴树干表面砍掉。

2. 测量。首先，利用皮尺从伐根量测至树梢顶部，得到树高值 H；以 2 m 为一个区分段，利用直径卷尺分别测量伐根、2.0 m、4.0 m、6.0 m、…处的树干断面直径，同时测量每个区分段中央的断面直径，最后一段不足一个区分段长度，划为梢头。

3. 平均断面区分求积式计算。依据公式（1-8），分别计算各断面的断面积、区分段材积、梢头材积，将各区分段材积与梢头材积累加，计算该伐倒木的树干材积。

4. 中央断面区分求积式计算。依据公式（1-7），分别计算各中央断面的断面积、区分段材积、梢头材积，将各区分段材积与梢头材积累加，计算该伐倒木的树干材积。

【实训报告要求】

每组完成并提交伐倒木材积测定表（表 SX-4），比较分析两种计算结果的误差。

表 SX-4　伐倒木材积测定

区分段	断面距伐根高度/m	中央断面距伐根高度/m	平均断面区分求积法			中央断面区分求积法		
			断面直径/cm	断面积/m²	区分段材积/m³	中央断面直径/cm	中央断面积/m²	区分段材积/m³

树高 $H=$ 　　 m，梢头长 = 　　 m，全树材积 $V=$ 　　 m³

实训 5 ｜ 立木材积测定

【实训目标】

掌握利用胸高形数法、实验形数法和材积表法计算单株立木材积的方法。

【实训形式】

以 2 人为一组，每组室外完成测量，室内完成 3 种立木材积测定方法的计算。

【用品用具】

每组配备：布鲁莱斯测高器 1 个，皮尺 1 卷，直径卷尺 1 个，科学计算器 1 台，记录板 1 个，记录表、铅笔、橡皮和草稿纸等。

【实训内容与方法】

1. 测量。利用直径卷尺测量待测木的胸径，利用布鲁莱斯测高器和皮尺测量待测木的树高。

2. 胸高形数法计算。基于测定的立木胸径和树高，计算胸高形数 $f_{1.3}$，依据公式（1-12），计算单株立木材积。

3. 实验形数法计算。基于测定的立木胸径和树高，计算实验形数 f_∂，依据公式（1–13），计算单株立木材积。

4. 材积表法计算。基于测定的立木胸径，参照附表一"云南省主要树种一元立木材积公式"，计算单株立木材积；基于测定的立木胸径和树高，参照附表二"云南省主要树种二元立木材积公式"，计算单株立木材积。

【实训报告要求】

每组完成并提交立木材积测定表（表 SX–5），比较分析 3 种计算结果的误差。

表 SX–5　立木材积测定

树号	胸径 /cm	树高 /m	胸高形数法		实验形数法		材积表法	
			$f_{1.3}$	$V_{1.3}$/m³	f_∂	V_∂/m³	一元材积 V_1/m³	二元材积 V_2/m³

实训 6 | 罗盘仪的使用

【实训目标】

熟悉罗盘仪的构造及各部件的作用，能够正确熟练操作罗盘仪测量方位角。

【实训形式】

以 3~4 人为一组，每组室外完成罗盘仪的操作。

【用品用具】

每组配备：罗盘仪 1 套，标杆 1 对，记录板 1 个，粉笔、铅笔、橡皮和草稿纸等。

【实训内容与方法】

1. 认识罗盘仪。了解罗盘仪各部件的名称及作用（图SX-4）。

2. 安装罗盘仪。调节三脚架（图SX-5）的长度，固定适宜的长度后平置于地面；旋下三脚架上的垂球帽露出螺杆，连接罗盘仪；用垂球帽对准地面任一点。

图SX-4　罗盘仪　　　　　图SX-5　三脚架

3. 整平。松开球臼螺旋，前后、左右仰俯罗盘盒，使水准器气泡居中，然后再旋紧球臼螺旋。

4. 罗盘仪各部件的操作。放松磁针制动螺旋，令磁针可自由转动；旋松水平制动螺旋，使刻度盘可左右转动；松开望远镜制动螺旋，使望远镜可上、下旋转；紧固望远镜制动螺旋，扭动微动螺旋，使望远镜可上、下微动；调节望远镜对光螺旋，使被观测目标的影像清晰；旋转目镜螺旋，使十字丝清晰。

5. 瞄准目标。旋松望远镜制动螺旋和水平制动螺旋，转动仪器，利用准星和照门粗略瞄准标杆后，再用十字丝交点精确对准标杆。

6. 读数。磁针自由静止后，读取无铜线端指针所指的刻度值（即北端所指的读数），即为标杆与测点所在直线的方位角。

7. 收纳。完成使用后，收纳或迁站之前，一定要拧紧磁针制动螺旋，避免顶针尖端的磨损。将罗盘仪装入收纳盒，三脚架腿收回并使用皮带绑紧后装入收纳袋。

【实训报告要求】

每组完成罗盘仪的安装、整平、瞄准目标、读数和收纳，撰写罗盘仪各部件的名称、作用及操作罗盘仪的步骤、方法和注意事项。

实训 7 | 罗盘仪导线测量

【实训目标】

能够正确使用罗盘仪、皮尺和标杆等工具，学会坡度改平算法，掌握利用地形图进行导线测量的一般方法。

【实训形式】

以 3~4 人为一组，每组室外完成图面量算和方位角、距离的测量。

【用品用具】

每组配备：罗盘仪 1 套，皮尺 1 卷，标杆 1 对，量角器 1 个，三角板 1 对，科学计算器 1 台，地形图（1：10 000）1 幅，记录板 1 个，记录表、粉笔、铅笔、橡皮和草稿纸等。

【实训内容与方法】

1. 起点位置确定：利用 1：10 000 比例尺地形图，在现地找出地形图上对应的典型地物标志，确定地形图上起点 A 的位置（样例如图 SX-6）。

2. 图面量算：利用量角器测量方位角、三角板测量水平距离，在 1：10 000 比例尺地形图上，测量起点 A 至终点 B 的方位角和水平距离。

3. 导线测量：将罗盘仪架设于起点 A，利用罗盘仪测量方位角、皮尺测量水平距离，根据实际地形，分成若干个线段，依次进行导线测量。每次测量完成后，在地形图上用量角器测量方位角、三角板测量水平距离，用铅笔在图上标示该引点的位置。最终确定终点位置 B。各线段需依据所在地形的坡度进行水平距离改算（图 SX-7），公式为：$D = L \times \cos\theta$。

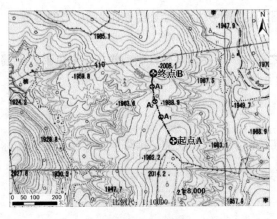

图 SX-6 确定起点

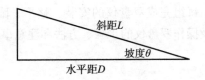

图 SX-7 坡度改正

【实训报告要求】

每组完成并提交导线测量记录表（表 SX-6）。

表 SX-6　导线测量记录

线段编号	测站名称	坡度 $\theta/°$	方位角 $\alpha/°$	斜距 L/m	水平距 D/m

实训 8 ｜ 标准地现地选择

【实训目标】

熟悉和掌握标准地现地选择的方法及其数量要求。

【实训形式】

不分组，每人室外完成林地踏查和标准地选取。

【用品用具】

每人配备：地形图（1∶10 000）1 幅，记录板 1 个，铅笔、橡皮和草稿纸等。

【实训内容与方法】

1. 林地踏查。设计行走路线，对林分进行全面、概括地了解，目的在于对调查林分的范围、边界、地形、树种组成和林分密度等空间分布的一般规律进行全面了解。

2. 遵循的原则。①标准地必须对所预定的要求有充分的代表性；②标准地必须设置在同一林分内，不能跨越林分；③标准地不能跨越小河、道路或伐开的调查线，且应离开林缘（至少应距林缘为 1 倍林分平均高的距离）；④标准地设在混交林中时，其树种、林木密度分布应均匀。

3. 设置的数量。根据林分面积大小和森林资源的复杂程度决定标准地设置的数量。一般地，林分面积小于 3 hm² 时设置 1~2 个标准地，林分面积在 4~7 hm² 时设置 2~3 个，林分面积在 8~12 hm² 时设置 3~4 个，林分面积大于 13 hm² 时设置 5~6 个。

4. 现地设置：依据上述原则和数量要求，在全面的林地踏查基础上，每人完成标准地的现地设置，用铅笔在地形图上标示各标准地的位置（样例如图 SX-8）。

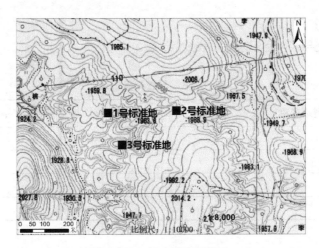

图 SX-8　标准地图面标示

【实训报告要求】

每人完成标准地的现地选择和图面标示，并阐述理由。

实训 9 | 标准地周界测绘

【实训目标】

能够正确使用罗盘仪、皮尺和标杆等工具，掌握标准地周界测绘的方法。

【实训形式】

以 3～4 人为一组，每组室外完成 1 个 25 m×25 m 标准地的周界测绘。

【用品用具】

每组配备：罗盘仪 1 套，皮尺 1 卷，标杆 1 对，科学计算器 1 台，记录板 1 个，记录表、粉笔、铅笔、橡皮和草稿纸等。

【实训内容与方法】

1. 西南角点 A 的确定。在合适的位置选定西南角点 A，首先将罗盘仪架设于 A 点。

2. 闭合导线测量。如图 SX-9 和图 SX-10 所示，从 A 点开始，利用罗盘仪测量方位角、皮尺测量水平距离，分别测量 A→B（方位角为 90°，水平距离为 25.0 m）、A→D（方位角为 0°，水平距离为 25.0 m），确定 B 点和 D 点的位置；将罗盘仪架设于 B 点，测量 B→C（方位角为 0°，水平距离为 25.0 m），确定 C 点的位置；将罗盘仪架设于 C 点，测量 C→D′（方位角为 270°，水平距离为 25.0 m）；利用皮尺测量 D′→D 的水平距离（即闭合差）。注意：各线段需依据所在地形的坡度分别进行水平距离改算，公式为：水平距离 $D = L \times \cos\theta$。闭合差不得超过 1/200，本例的闭合差应 ≤0.5 m。

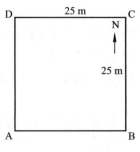

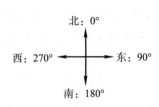

图 SX-9　标准地的设置　　　图 SX-10　方位角的图面判定

【实训报告要求】

每组完成并提交标准地周界测绘记录表（表 SX-7）。

表 SX-7　标准地周界测绘记录

线段编号	测站名称	坡度 $\theta/°$	方位角 $\alpha/°$	斜距 L/m	水平距 D/m
闭合差 /m					

实训 10 ｜ 标准地每木定位

【实训目标】

掌握标准地每木定位常用的 2 种方法，学会绘制样木分布图。

【实训形式】

以 3～4 人为一组，每组室外完成 1 个 25 m×25 m 标准地的每木定位，室内完成样木分布图的绘制。

【用品用具】

每组配备：罗盘仪 1 套，皮尺 1 卷，标杆 1 对，科学计算器 1 台，量角器 1 个，三角板 1 对，圆规 1 个，记录板 1 个，方格纸 1 张，记录表、粉笔、铅笔、橡皮和草稿纸等。

【实训内容与方法】

1. 标准地周界测绘。参照实训 9，完成标准地的周界测绘（见图 SX-9），在边界处的界外木树干胸径位置用粉笔标示"×"以示标准地界线，防止重测和漏测。

2. 每木编号。对标准地内胸径≥5.0 cm 的所有活立木进行编号，在树干胸径位置用粉笔标示各林木的树号。

3. 每木定位方法 1。调查员甲在某角点操作罗盘仪，依次测量该角点至其附近的各株林木的方位角 α；调查员乙和丙利用皮尺依次测量该角点至各株林木的水平距离 D。完成该角点附近林木的测量后，换至其他角点重复上述测量，至完成全部林木的测量为止。记录时注意：应明确记录测量各林木时罗盘仪所在的角点代码。

4. 每木定位方法 2。调查员甲和乙利用皮尺测量某林木与其较近的 2 条边界的水平距离 D_1 和 D_2；完成该林木的测量后，重复上述过程，至完成全部林木的测量为止。记录时注意：应明确记录边界名称及其对应的水平距离。

5. 室内样木分布图绘制。当采用每木定位方法 1 时，在各角点上，利用量角器和三角板量取角点与附近各林木的方位角和水平距离，确定各林木的树心位置；当采用每木定位方法 2 时，利用圆规和三角板量取 2 条边界与其林木的水平距离交汇点，确定各林木的树心位置。样木分布图按 1:100 比例尺绘制，图上应注明标准地周界、角点代码、指北针、林木编号等信息。

【实训报告要求】

每组完成并提交标准地每木定位记录表（表 SX-8）和样木分布图。

表 SX-8 标准地每木定位记录

每木定位方法 1				每木定位方法 2				
树号	角点代码	方位角 α/°	水平距 D/m	树号	边界 1	水平距 D_1/m	边界 2	水平距 D_2/m

实训 11 │ 林分平均胸径计算

【实训目标】

掌握林分平均胸径、林分算数平均胸径的计算方法，了解二者之间的关系。

【实训形式】

不分组，每人室内完成林分平均胸径的计算。

【用品用具】

每人配备：某标准地每木检尺记录表，科学计算器 1 台，铅笔、橡皮和草稿纸等。

【实训内容与方法】

1. 基础数据的建立。将某标准地每木检尺记录表中的胸径信息录入至 Excel，按每株树作为一条记录进行整理，建立原始基础数据（表 SX-9）。

表 SX-9　某标准地每木检尺记录（样例）

树号	树种	胸径 /cm	树号	树种	胸径 /cm	树号	树种	胸径 /cm
1	米槠	61.4	21	米槠	58.0	41	米槠	38.5
2	米槠	41.2	22	栲树	13.2	42	米槠	41.0
3	木荷	38.4	23	栲树	48.6	43	木荷	12.8
4	栲树	5.4	24	木荷	70.0	44	米槠	30.6
5	米槠	8.0	25	米槠	34.4	45	米槠	26.8
6	米槠	5.8	26	米槠	36.0	46	木荷	14.8
7	米槠	23.4	27	米槠	40.7	47	米槠	44.6
8	栲树	6.0	28	木荷	25.1	48	木荷	12.6
9	木荷	8.1	29	木荷	11.9	49	木荷	7.6
10	木荷	57.4	30	米槠	26.5	50	木荷	9.9
11	米槠	25.8	31	米槠	29.6	51	米槠	27.9
12	米槠	47.1	32	木荷	38.2	52	木荷	61.3
13	米槠	54.5	33	木荷	33.7	53	木荷	62.0
14	木荷	5.9	34	木荷	33.9	54	木荷	40.7
15	栲树	5.1	35	米槠	38.3	55	木荷	41.1
16	栲树	5.3	36	米槠	40.5	56	米槠	30.5
17	木荷	62.0	37	米槠	37.8	57	米槠	35.8
18	米槠	60.9	38	米槠	46.8	58	木荷	8.3
19	木荷	7.7	39	米槠	39.8	59	木荷	32.3
20	木荷	13.0	40	木荷	48.0	60	木荷	25.1

2. 林分平均胸径计算。依据公式（1–26），分别不同树种，计算各树种的林分平均胸径 D_g。

3. 林分算数平均胸径计算。依据公式（1–27），分别不同树种，计算各树种的林分算数平均胸径 $\bar{d}$。

【实训报告要求】

每人完成并提交计算结果，比较分析林分平均胸径和林分算数平均胸径的关系。

实训 12 | 林分平均高计算

【实训目标】

掌握林分平均高、加权平均高和优势木平均高的计算方法，了解三者之间的区别。

【实训形式】

不分组，每人室内完成林分平均高、加权平均高和优势木平均高的计算。

【用品用具】

每人配备：某标准地每木检尺记录表，科学计算器 1 台，计算机及 Excel、SPSS 软件，铅笔、橡皮和草稿纸等。

【实训内容与方法】

1. 基础数据的建立。将某标准地每木检尺记录表中的胸径和树高信息录入至 Excel，按每株树作为一条记录进行整理，建立原始基础数据（表 SX–10）。

2. 林分平均高的计算。计算林分平均胸径（参考"实训 11 林分平均胸径计算"），采用数式法利用计算机软件拟合及优选树高曲线模型（参考"实训 3 树高曲线模型"），将林分平均胸径代入树高曲线模型，得到条件平均高 H_D。

3. 加权平均高的计算。依据公式（1–33），根据林分各径阶的林木的算术平均高与其对应径阶林木胸高断面积计算加权平均高（$\bar{H}$）。

4. 优势木平均高的计算。选取 3~6 株最高或最粗的优势木或亚优势木的胸径和树高值，以其算术平均值作为优势木平均高 H_T。

【实训报告要求】

每人完成并提交计算结果，比较分析林分平均高、加权平均高和优势木平均高的区别。

表 SX-10 某标准地每木检尺记录（样例）

树号	树种	胸径 /cm	树高 /m	树号	树种	胸径 /cm	树高 /m	树号	树种	胸径 /cm	树高 /m
1	米槠	61.4	20.0	21	米槠	58.0	22.0	41	米槠	38.5	19.0
2	米槠	41.2	24.0	22	栲树	13.2	10.5	42	米槠	41.0	20.0
3	木荷	38.4	20.0	23	栲树	48.6	18.0	43	木荷	12.8	5.0
4	栲树	5.4	4.3	24	木荷	70.0	22.0	44	米槠	30.6	18.0
5	米槠	8.0	8.5	25	米槠	34.4	17.0	45	米槠	26.8	15.0
6	米槠	5.8	6.5	26	米槠	36.0	19.0	46	木荷	14.8	14.8
7	米槠	23.4	18.5	27	米槠	40.7	17.5	47	米槠	44.6	20.0
8	栲树	6.0	8.5	28	木荷	25.1	11.0	48	木荷	12.6	11.0
9	木荷	8.1	8.5	29	木荷	11.9	11.5	49	木荷	7.6	6.0
10	木荷	57.4	20.5	30	米槠	26.5	15.0	50	木荷	9.9	6.5
11	米槠	25.8	19.0	31	米槠	29.6	15.5	51	米槠	27.9	16.5
12	米槠	47.1	21.0	32	木荷	38.2	18.0	52	木荷	61.3	20.0
13	米槠	54.5	23.0	33	木荷	33.7	21.0	53	木荷	62.0	23.0
14	木荷	5.9	5.5	34	木荷	33.9	23.0	54	木荷	40.7	15.0
15	栲树	5.1	7.0	35	米槠	38.3	14.0	55	木荷	41.1	14.5
16	栲树	5.3	5.5	36	米槠	40.5	15.0	56	米槠	30.5	13.0
17	木荷	62.0	19.5	37	米槠	37.8	18.0	57	米槠	35.8	16.0
18	米槠	60.9	18.0	38	米槠	46.8	17.0	58	木荷	8.3	7.5
19	木荷	7.7	8.0	39	米槠	39.8	15.0	59	木荷	32.3	25.0
20	木荷	13.0	9.0	40	木荷	48.0	17.0	60	木荷	25.1	11.0

实训 13 | 林分郁闭度测定

【实训目标】

掌握林分郁闭度现地测定的一般方法。

【实训形式】

不分组，每人室外完成林分郁闭度 3 种常用方法的现地测定。

【用品用具】

每人配备：科学计算器 1 台，铅笔、橡皮和草稿纸等。

【实训内容与方法】

1. 机械布点法。在林分内机械布设 N 个样点，在各样点位置上抬头仰视，判断该样点是否被树冠垂直投影覆盖，统计被覆盖的样点数 n，利用 $P_C = n/N$ 计算林分郁闭度（图 SX-11）。

2. 样线法。在林分内设线，沿线每隔固定距离抬头仰视，判断该样点是否被树冠垂直投影覆盖，统计被覆盖的样点数，计算林分郁闭度（图 SX-12）。

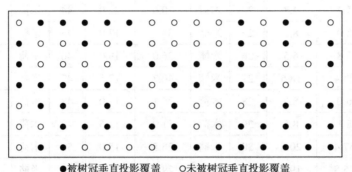

●被树冠垂直投影覆盖　○未被树冠垂直投影覆盖

图 SX-11　机械布点法测定林分郁闭度

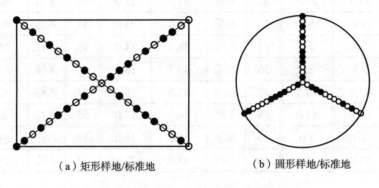

（a）矩形样地/标准地　　　　（b）圆形样地/标准地

●被树冠垂直投影覆盖　○未被树冠垂直投影覆盖

图 SX-12　样线法测定林分郁闭度

3. 平均冠幅法。用标准地内林木平均冠幅面积乘以林木株数得到树冠覆盖面积，再除以样地面积得到林分郁闭度。当林分郁闭度较小（如小于 0.30）时，宜采用此法测定。

【实训报告要求】

每人完成并提交 3 种方法的测定结果，分析机械布点法、样线法和平均冠幅法的异同。

实训 14 | 林分蓄积量测定

【实训目标】

掌握利用平均标准木法测定林分蓄积量的计算方法。

【实训形式】

不分组,每人室内完成林分蓄积量的计算。

【用品用具】

每人配备:某亚热带思茅松天然纯林标准地调查资料,科学计算器1台,计算机及 Excel、SPSS 软件,铅笔、橡皮和草稿纸等。

【实训内容与方法】

1. 数据整理:根据某亚热带思茅松天然纯林标准地(面积 $0.2\ \text{hm}^2$)调查资料(表SX-11),将胸径值归入径阶,分别树种统计各径阶的株数,计算各径阶的胸高断面积。

2. 平均胸径计算:依据公式(1-26),分别不同树种,计算各树种的林分平均胸径 D_g。

3. 平均高计算:采用数式法利用计算机软件拟合及优选树高曲线模型(参考"实训 3 树高曲线模型"),将林分平均胸径代入树高曲线模型,得到条件平均高 H_D。

4. 平均标准木选取:选择 1~3 株与平均胸径和平均高相接近(相差在 ±5% 以内)的林木作为平均标准木,利用区分求积法测算其材积(参考"实训 4 伐倒木材积测定")。

5. 标准地蓄积量计算:依据公式(1-36),计算标准地蓄积量,可进一步计算林分每公顷蓄积量。

【实训报告要求】

每人完成并提交利用平均标准木法测定标准地蓄积量的计算结果(表SX-12)。

表SX-11 某思茅松天然纯林标准地调查资料（样例）

树号	胸径/cm	树高/m	树号	胸径/cm	树高/m	树号	胸径/cm	树高/m	树号	胸径/cm	树高/m
1	22.5	16.2	31	16.1	15.5	61	14.2	11.1	91	14.7	11.6
2	19.1	16.4	32	17.9	14.2	62	12.8	12.8	92	11.9	11.1
3	21.2	16.3	33	18.5	15.1	63	18.9	13.7	93	18.5	11.7
4	21.8	16.5	34	16.8	14.8	64	15.2	11.4	94	17.5	12.1
5	26.9	19.1	35	18.4	13.0	65	12.8	11.7	95	22.6	13.3
6	26.7	20.8	36	25.4	16.9	66	12.7	12.4	96	16.2	12.0
7	19.3	15.6	37	12.3	9.6	67	12.9	11.0	97	12.5	11.0
8	17.0	12.9	38	13.4	12.0	68	14.5	11.5	98	21.6	14.0
9	22.3	15.6	39	13.7	11.7	69	14.7	13.0	99	12.0	9.8
10	20.9	15.7	40	13.1	12.4	70	16.6	14.3	100	12.7	12.0
11	25.4	18.3	41	15.1	12.0	71	20.1	13.8	101	26.1	16.8
12	17.6	14.0	42	14.2	13.1	72	17.9	13.0	102	22.6	16.0
13	24.5	15.5	43	11.3	11.6	73	17.0	15.0	103	10.0	8.0
14	21.0	16.2	44	14.0	12.3	74	20.7	15.3	104	19.2	18.2
15	22.4	16.7	45	11.9	11.7	75	22.6	18.3	105	6.8	8.0
16	22.0	15.9	46	12.3	12.7	76	10.1	13.9	106	6.7	6.7
17	16.4	11.0	47	15.2	12.2	77	19.2	17.0	107	6.6	7.1
18	20.8	10.7	48	14.0	13.7	78	5.6	3.5	108	14.1	11.9
19	13.9	12.9	49	15.3	13.1	79	7.6	7.0	109	9.6	6.9
20	15.8	12.9	50	17.5	14.3	80	5.4	5.1	110	9.6	8.3
21	17.8	16.3	51	15.8	11.9	81	13.0	11.3	111	7.4	8.4
22	22.7	16.6	52	6.9	10.1	82	13.3	12.7	112	9.3	10.3
23	17.3	13.7	53	13.7	12.3	83	14.7	10.6	113	18.6	17.8
24	22.7	18.2	54	15.4	14.5	84	13.3	12.5	114	19.3	15.2
25	18.1	13.6	55	16.5	13.0	85	13.8	9.4	115	22.0	17.0
26	14.1	13.7	56	14.6	12.5	86	13.7	12.7	116	20.0	15.6
27	24.2	18.5	57	16.4	14.9	87	14.4	13.7	117	13.7	11.7
28	19.2	14.8	58	13.0	9.8	88	13.1	12.6	118	15.6	11.5
29	24.8	17.4	59	19.4	16.0	89	13.9	11.8	119	19.7	15.0
30	24.2	14.4	60	25.2	18.8	90	11.4	9.0	120	15.0	12.3

表 SX-12　利用平均标准木法计算标准地蓄积量

径阶 d	株数 n'	断面积 $\pi d^2/4 \times n'^2$	平均标准木				
			编号	胸径 /cm	树高 /m	断面积 /m²	材积 /m³
合计						$\sum g_i =$	$\sum V_i =$

实训 15 ｜ 角规绕测

【实训目标】

熟悉角规的构造及绕测方法，掌握利用角规测定林分每公顷断面积和蓄积量的方法。

【实训形式】

不分组，每人室外完成角规绕测及计算。

【用品用具】

每人配备：自动改平杆式角规 1 个，皮尺 1 卷，直径卷尺 1 个，科学计算器 1 台，记录板 1 个，记录表、铅笔、橡皮和草稿纸等。

【实训内容与方法】

1. 认识角规。了解自动改平杆式角规各部件的名称及作用（图 SX-13）。

2. 确定角规点的位置。按典型选样或随机抽样原则和要求，确定角规点的位置。

3. 确定角规常数。根据林分内被测木的平均胸径，确定适宜的角规常数。

图 SX–13 自动改平杆式角规

4. 角规绕测。在角规点上，将无缺口的一端紧贴于眼下，选择一株林木作为起点，用角规切口依次观测视野范围内胸径≥5.0 cm 的所有活立乔木的胸高部位的树干，按如下规则计数：①角规切口与胸高部位的树干相割，计数 1.0；②角规切口与胸高部位的树干相切，计数 0.5；③角规切口与胸高部位的树干相离，计数 0。

5. 每公顷断面积和蓄积量计算。角规绕测一周的计数之和即为该角规点的每公顷胸高断面积 G；将林分平均胸径和平均高代入二元形高公式（附表三），计算形高值 FH，利用公式 $V = G \times FH$ 计算每公顷蓄积量。

6. 注意事项。①在同一角规点上，应按顺时针、逆时针 2 个方向绕测 2 次加以对照，若计数结果不一致时，应重新绕测。②采用"二倍距离法"认真确定临界木和距离较远的大树，即用直径卷尺量测被测木的胸径 $D_{1.3}$，用皮尺量测角规点与被测木树心的水平距离 L，比较 $D_{1.3}$ 与 L 在数值上的关系，若 $D_{1.3} = 2L$，则相切，计数 0.5；若 $D_{1.3} > 2L$，则相割，计数 1.0；若 $D_{1.3} < 2L$，则相离，计数 0。③使用无坡度改平功能的角规遇到坡度 >5° 时，需要进行坡度测量和改平。

【实训报告要求】

每人完成并提交角规绕测记录表（表 SX–13）。

表 SX–13 角规绕测记录

角规点编号	计数木		每公顷断面积 /m²	平均胸径 /cm	平均高 /m	二元形高	每公顷蓄积量 /m³
	相割木 / 株	相切木 / 株					

实训 16 │ 角规控制检尺

【实训目标】

能够正确使用角规，掌握角规控制检尺的调查和计算方法。

【实训形式】

以 3 ~ 4 人为一组，每组室外完成角规控制检尺调查，室内完成数据计算。

【用品用具】

每组配备：自动改平杆式角规 1 个，皮尺 1 卷，直径卷尺 1 个，科学计算器 1 台，记录板 1 个，记录表、铅笔、橡皮和草稿纸等。

【实训内容与方法】

1. 确定角规点的位置。按典型选样或随机抽样原则和要求，确定角规点的位置。

2. 确定角规常数。根据林分内被测木的平均胸径，确定适宜的角规常数。

3. 角规控制检尺。调查员甲站在角规点处，沿顺时针方向绕测一周。当遇到符合计数要求的林木（切口与目标林木胸高处的树干相割或相切）时，指挥调查员乙测量其胸径并归入其所属径阶，调查员丙记录各径阶内的相割木和相切木株数。

4. 平均木调查。在平均胸径所在径阶范围内，现地选择 3 株平均木（遇树种不同时，每树种各调查 3 株）调查树种、年龄、胸径、树高和冠幅等。

5. 数据计算。依据公式（3-27）至公式（3-36），计算平均胸径、平均高、每公顷断面积、每公顷株数和每公顷蓄积等。

6. 注意事项。①采用"二倍距离法"认真确定临界木和距离较远的大树，即用直径卷尺量测被测木的胸径 $D_{1.3}$，用皮尺量测角规点与被测木树心的水平距离 L，比较 $D_{1.3}$ 与 L 在数值上的关系，若 $D_{1.3} = 2L$，则相切，计数 0.5；若 $D_{1.3} > 2L$，则相割，计数 1.0；若 $D_{1.3} < 2L$，则相离，计数 0。②使用无坡度改平功能的角规遇到坡度 > 5° 时，需要进行坡度测量和改平。③计数林木的树种不同时，应分开记录，按不同树种单独计算。

【实训报告要求】

每组完成并提交角规控制检尺表（附表六）。

实训 17 | 编程计算器的使用

【实训目标】

熟悉编程计算器的主要功能，能够正确熟练使用编程计算器及其编程功能。

【实训形式】

不分组，每人室内完成编程计算器的编程操作。

【用品用具】

每人配备：卡西欧 fx-5800P 编程计算器 1 台。

【实训内容与方法】

1. 认识编程计算器。以卡西欧 fx-5800P 编程计算器为例，了解编程计算器在森林资源调查工作中的主要功能（图 SX-14）。

图 SX-14　卡西欧 fx-5800P 编程计算器

2. 程序设计。以一元立木材积公式（附表一）建立并存储程序"V1"为例，前 2 个一元立木材积公式的程序设计代码节选如下：

"K"? → K（K 代表树种编号）

"D"? → D（D 代表胸径）

If K=1:Then "V1=":0.0000582901175 × D^1.9796344 × (57.279−2916.293 ÷ (D + 51))^0.90715155:IfEnd（若 K = 1，则自动计算并输出"金沙江流域云南松"单木材积值）

If K = 2:Then "V1=":0.0000582901175 × D^1.9796344 × (66.538−5260.696 ÷ (D + 79))^

0.90715155:IfEnd（若 K = 2，则自动计算并输出"澜沧江流域云南松"单木材积值）

【实训报告要求】

每人设计一元立木材积程序、二元立木材积程序、二元立木形高程序、坡度改平程序、典型选样计算程序、系统抽样计算程序和分层抽样计算程序等，提交各程序的完整代码。

实训 18 ｜ 地形图的野外识别

【实训目标】

熟悉地形图的基础知识，能够在野外使用地形图判读基本信息。

【实训形式】

不分组，每人室外完成地形图的判读和识别。

【用品用具】

每人配备：地形图（1∶10 000）1 幅，量角器 1 个，三角板 1 对，科学计算器 1 台，记录板 1 个，铅笔、橡皮和草稿纸等。

【实训内容与方法】

1. 认识地形图。了解地形图的基础知识，包括分幅编号、接图表、图廓、比例尺、方向、等高线（首曲线、计曲线、间曲线、助曲线）、等高距、地物符号和图例等。熟悉典型地貌的地形图表示方法，包括山丘、洼地、鞍部、山脊、台地、山谷、峭壁、河流、湖泊和建筑物等（图 SX–15）。

2. 地形图的判读和应用。

① 在现地找出地形图上对应的典型地貌、地物标志，判定现地所处的图面位置；

② 图面判读任意 2 点之间的高差；

③ 利用量角器测量任意线段的方位角、三角板测量其图面距离，按比例尺换算为实际的水平距离；

④ 图面判读任意地块所处的坡向和坡位。

3. 注意事项。地形图属于国家机密资料，用完必须如数归还，严禁损坏和丢失。

【实训报告要求】

每人总结并写出地形图的野外判读和林地调查应用的技术要点。

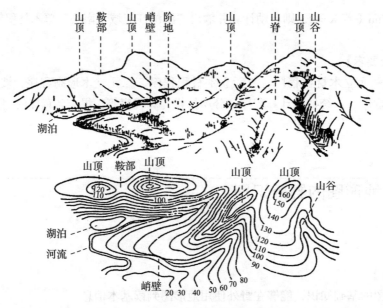

图 SX-15　典型地貌及其等高线表示

实训 19 | 林业常用的坐标系统

【实训目标】

了解和熟悉 WGS-84 坐标系、1954 北京坐标系和 1980 西安坐标系的基本知识。

【实训形式】

不分组，每人室内学习常用坐标系统的基本知识，计算 3 度带、6 度带的分带信息。

【用品用具】

每人配备：计算机及 ArcGIS 软件，地形图（1∶10 000）1 幅等。

【实训内容与方法】

1. 认识常用的地理坐标系。WGS-84 坐标系是一种国际上统一采用的地心坐标系，GPS 广播星历是以 WGS-84 坐标系为根据的。以经纬度表示，属于球面坐标系统，不涉及投影。

2. 认识常用的投影坐标系（表 SX-14）。① 1954 北京坐标系：在我国使用较为广泛的参心大地坐标系，采用克拉索夫斯基椭球的 2 个几何参数。以 X、Y 表示，单位为 m（米），属于平面坐标系统，采用高斯克吕格（Gauss Kruger）投影。② 1980 西安坐标系：在我国使用较为广泛的参心大地坐标系，椭球参数采用 IUGG 1975 年大会推荐的参数，较克拉索夫斯基椭球的精度更高。以 X、Y 表示，单位为 m（米），属于平面坐标系统，采用高斯克吕格（Gauss

Kruger）投影。

3. 投影坐标系的分带计算。① 3 度带中央经线的计算公式：当地经度 /3 = 带号，中央经线 = 3× 带号。② 6 度带中央经线的计算公式：当地经度 /6 = 带号，中央经线 = 6× 带号；当没有除尽，带号有余数时，中央经线 = 6× 带号 – 3。

表 SX–14 我国范围的 3 度带和 6 度带划分

3 度带（1:1 万）								6 度带（1:2.5 万或 1:5 万）			
带号	经度区间	中央经线	X 值	带号	经度区间	中央经线	X 值	带号	经度区间	中央经线	X 值
24	70.5	72	24 500 000	35	103.5	105	35 500 000	13	72	75	13 500 000
25	73.5	75	25 500 000	36	106.5	108	36 500 000	14	78	81	14 500 000
26	76.5	78	26 500 000	37	109.5	111	37 500 000	15	84	87	15 500 000
27	79.5	81	27 500 000	38	112.5	114	38 500 000	16	90	93	16 500 000
28	82.5	84	28 500 000	39	115.5	117	39 500 000	17	96	99	17 500 000
29	85.5	87	29 500 000	40	118.5	120	40 500 000	18	102	105	18 500 000
30	88.5	90	30 500 000	41	121.5	123	41 500 000	19	108	111	19 500 000
31	91.5	93	31 500 000	42	124.5	126	42 500 000	20	114	117	20 500 000
32	94.5	96	32 500 000	43	127.5	129	43 500 000	21	120	123	21 500 000
33	97.5	99	33 500 000	44	130.5	132	44 500 000	22	126	129	22 500 000
34	100.5	102	34 500 000	45	133.5	135	45 500 000	23	132	135	23 500 000
	103.5				136.5				138		

【实训报告要求】

每人利用某地的经度，计算其所属 3 度带、6 度带的带号和中央经线，提交计算结果。

实训 20 | 手持式 GPS 的使用

【实训目标】

了解手持式 GPS 接收机的主要功能及使用方法。

【实训形式】

以 2~3 人为一组，每组室外完成手持式 GPS 接收机的操作。

【用品用具】

每组配备：手持式 GPS 接收机 1 台，铅笔、橡皮和草稿纸等。

【实训内容与方法】

1. 熟悉手持式 GPS 接收机。参照手持式 GPS 接收机的使用手册，了解其主要功能、技术指标和使用注意事项，熟悉各按键的名称和使用方法（图 SX–16）。

图 SX–16　手持式 GPS 接收机

2. 开机。安装电池后，将手持式 GPS 接收机拿到室外开阔的地点，显示屏向上，水平放置，使其内置天线朝向开阔的天空，开启电源，分别进入"卫星状态"界面、"航迹导航"界面、"罗盘导航"界面等，熟悉各按键的名称和使用方法。

3. 设置。在功能菜单界面中，对时间、对比度、单位和系统工作状态进行设置；依据要求对坐标系统进行设置。

4. 卫星信号接收。开机后，手持式 GPS 接收机将自动接收导航卫星信号，接收到至少 3 颗卫星信息时，才能定位。应尽可能将其置于室外开阔的地点，静置至少约 30s 待其定位数值稳定后再记录或存储。高大山体、林冠、建筑物等均可能对卫星信号产生影响，从而降低定位精度。

5. 定位。使用手持式 GPS 接收机测定并存储地面点的坐标值和高程。

6. 导航。在手持式 GPS 接收机中，通过输入目标点的坐标，或利用已存储的航点，进行导航操作。

7. 测量面积。选择 1～2 块林地，使用手持式 GPS 接收机进行航迹操作，分别测定其面积 2～3 次。

【实训报告要求】

每人总结各按键名称、功能及各项参数设置步骤，写出 GPS 定位、导航、测定面积的操作步骤和结果。

实训 21 | 激光测高测距仪的使用

【实训目标】
了解激光测高测距仪的主要功能及使用方法。

【实训形式】
以 2~3 人为一组，每组室外完成激光测高测距仪的操作。

【用品用具】
每组配备：激光测高测距仪 1 台，皮尺 1 卷，标杆 1 对，铅笔、橡皮和草稿纸等。

【实训内容与方法】
1. 熟悉激光测高测距仪（图 SX–17）。参照激光测高测距仪的使用手册，了解其主要功能、工作原理、技术指标和使用注意事项，熟悉各按键的名称和使用方法。

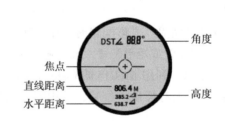

图 SX–17　激光测高测距仪

2. 开机。安装电池或充电后，开启电源，熟悉各按键的名称和使用方法，熟悉目镜显示内容。
3. 测量。持稳激光测高测距仪的机身，使用目镜中的十字丝对准远处的标杆，按下激光发射按钮，读取其直线距离、水平距离和高度数值，利用皮尺量测直线距离、水平距离和高度，比较激光测高测距仪的测量误差。

【实训报告要求】
每人总结直线距离、水平距离和高度测量的操作步骤和结果。

实训 22 | 系统抽样方案设计

【实训目标】

了解和掌握系统抽样的计算步骤和方法。

【实训形式】

不分组，每人室内完成系统抽样方案设计。

【用品用具】

每人配备：某县县界矢量图层，计算机及 ArcGIS 软件，科学计算器 1 台，铅笔、橡皮和草稿纸等。

【实训内容与方法】

以某县进行森林蓄积量系统抽样调查为例。已知该县的面积为 364 127 hm²，规定蓄积量的控制精度为 85%，单位面积森林蓄积量的平均值为 52.16 m³/hm²，标准差为 64.27 m³/hm²，外业调查样地按 25.82 m × 25.82 m（面积为 1 亩）设置，进行系统抽样方案设计步骤如下。

1. 计算样地数量。$t_\alpha = 1.96$，$E = \pm 15\%$，$C = S/\bar{x}$，依据公式（3-1）计算样地数量。在计算样地数量的基础上，一般需增加约 10% 的保险系数。

2. 计算抽选间隔。方形配置时，样地间距 $d =$（面积 / 样地数量 × 10 000）$^{-2}$，可依据实际情况决定方形配置或矩形配置，最终确定抽选间隔。

3. 图上布点。利用 ArcGIS 的 Fishnet 工具按抽选间隔生成网格及交点，随机布设起始样地，最终确定所有样地的位置，并用阿拉伯数字按由西北向东南的方向将所有样地顺序编号。

【实训报告要求】

每人完成并提交某县森林蓄积量系统抽样方案设计图。

实训 23 | 分层抽样方案设计

【实训目标】

了解和掌握分层抽样的计算步骤和方法。

【实训形式】

不分组，每人室内完成分层抽样方案设计。

【用品用具】

每人配备：某县县界矢量图层，计算机及 ArcGIS 软件，科学计算器 1 台，铅笔、橡皮和草稿纸等。

【实训内容与方法】

以某县进行森林蓄积量分层抽样调查为例。已知该县的面积为 364 127 hm^2，规定蓄积量的控制精度为 85%，单位面积森林蓄积量的平均值为 52.16 m^3/hm^2，标准差为 64.27 m^3/hm^2，外业调查样地按 25.82 m × 25.82 m（面积为 1 亩）设置，进行分层抽样方案设计步骤如下。

1. 确定分层方案。分层时常采用优势树种、龄组、郁闭度或单位面积平均蓄积量作为分层因子。本次实训的主要目的是查清某县的森林蓄积量，由于森林蓄积量能直接反映变动大小，通过蓄积量分层能最有效地扩大层间方差、缩小层内方差，提高估算精度，因此采用单位面积平均蓄积量作为分层因子。

2. 计算各层面积权重。W_h = 各层所占面积 A_h / 总面积 A。

3. 计算样地数量。t_a = 1.96，E = ± 15%，依据公式（3-12）和公式（3-13）计算总体样地数量和各层样地数量。

4. 计算抽选间隔和图上布点。在计算各层的抽选间隔和布点时，林业调查中常用系统布点法，即与系统抽样方法相同。需要注意的是，当某层中出现布点漏缺时，需要单独在缺点层或不足点的层添加样点。利用 ArcGIS 的 Fishnet 工具按各层的抽选间隔分别生成网格及交点，分别随机布设起始样地，最终确定所有样地的位置，并在总体上用阿拉伯数字按由西北向东南的方向将所有样地顺序编号。

【实训报告要求】

每人完成并提交某县森林蓄积量分层抽样方案设计图，在样地数量和抽样计算等方面与系统抽样方案进行比较分析。

实训 24 ｜ 小班区划

【实训目标】

巩固地形图和卫星影像图的野外判读技能，了解小班区划的条件和方法。

【实训形式】

不分组，每人室外完成至少 1 个林班的小班区划，室内完成小班界转绘及面积量算。

【用品用具】

每人配备：地形图（1∶10 000）1 幅，高清卫星影像图（1∶10 000）1 幅，林班界，计算机及 ArcGIS 软件，记录板 1 个，铅笔、橡皮和草稿纸等。

【实训内容与方法】

1. 林地踏查。设计行走路线，对林分进行全面、概括地了解，目的在于对调查林分的范围、边界、地形、树种组成和林分密度等空间分布的一般规律进行全面了解。

2. 小班区划条件。①权属不同，②森林类别及林种不同，③生态公益林事权与林地保护等级不同，④林业工程类别不同，⑤地类不同，⑥起源不同，⑦优势树种（组）比例相差二成以上，⑧Ⅵ龄级以下相差 1 个龄级，Ⅶ龄级以上相差 2 个龄级，⑨商品林郁闭度相差 0.20 以上，公益林相差 1 个郁闭度级，灌木林相差 1 个覆盖度级，⑩立地类型不同。

3. 外业清绘。采用对坡观察与深入调查相结合的方法，结合地形图和卫星影像图，依据小班区划条件，在现地逐个地块勾绘小班界，直至完成对整个林班内所有小班界线的外业清绘。在纸质地形图或卫星影像图上用铅笔画出各小班的界线，并对各小班按由西北向东南的顺序编号。

4. 内业转绘。利用 ArcGIS 软件将外业清绘图中的小班界转绘至小班矢量数据库中，完成并通过拓扑检查，量算各小班的面积（单位为 hm^2）。

【实训报告要求】

每人完成并提交纸质地形图或卫星影像图上绘出的小班界及矢量数据（电子版）。

实训 25 | 小班调查

【实训目标】

了解和掌握小班调查的一般方法。

【实训形式】

以 3~4 人为一组，每组室外完成至少 1 个林班的小班调查，室内完成小班矢量数据库的建立。

【用品用具】

每人配备：地形图（1∶10 000）1 幅，高清卫星影像图（1∶10 000）1 幅，罗盘仪 1 套，皮尺 1 卷，直径卷尺 1 个，布鲁莱斯测高器 1 个，角规 1 个，科学计算器 1 台，林班界，计算机及 ArcGIS 软件，记录板 1 个，记录表、铅笔、橡皮和草稿纸等。

【实训内容与方法】

1. 林地踏查。设计行走路线，对林分进行全面、概括地了解，目的在于对调查林分的范围、边界、地形、树种组成和林分密度等空间分布的一般规律进行全面了解。

2. 小班区划。参照实训24，完成整个林班的小班区划。

3. 基本因子调查。填写"附表七　小班调查记录表"中的"一、基本因子调查"。

（1）地类。外业目测，按照地类划分标准（表SX-15）填写对应的三级地类。

表 SX-15　地类划分标准

土地类型	一级地类	二级地类	三级地类
林地	有林地	乔木林地	纯林
			混交林
			乔木经济林
		竹林地	竹林地
	疏林地	疏林地	疏林地
	灌木林地	国家特别规定灌木林地	灌木经济林
			其他特别灌木林
		其他灌木林地	其他灌木林地
	未成林造林地	人工造林未成林地	人工造林未成林地
		封育未成林地	封育未成林地
	苗圃地	苗圃地	苗圃地
	无立木林地	采伐迹地	采伐迹地
		火烧迹地	火烧迹地
		其他无立木林地	其他无立木林地
	宜林地	宜林荒山荒地	宜林荒山荒地
		宜林沙荒地	宜林沙荒地
		其他宜林地	其他宜林地
	辅助生产林地	辅助生产林地	辅助生产林地
非林地	耕地	耕地	耕地
	牧草地	牧地	牧地
	水域	水域	水域
	建设用地	建设用地	建设用地
	其他非林地	其他非林地	其他非林地

（2）起源。外业目测，一般分成3类：①天然林：由天然下种或萌生形成的森林、林木、灌木林；②人工林：由人工直播（条播或穴播）、植苗、分殖或扦插造林形成的森林、林木、灌木林；③人工促进林：由飞机播种、人工撒播或实施人工促进天然更新措施后形成的森林、林木、灌木林。

（3）林种。外业目测，按照林种划分标准（表SX-16）填写对应的亚林种。

表 SX-16 林种划分标准

森林类别	林种	亚林种
生态公益林	防护林	水源涵养林
		水土保持林
		防风固沙林
		农田牧场防护林
		护岸林
		护路林
		其他防护林
	特种用途林	国防林
		实验林
		母树林
		环境保护林
		风景林
		名胜古迹和革命纪念林
		自然保护区林
商品林	用材林	短轮伐期工业原料用材林
		速生丰产用材林
		一般用材林
	薪炭林	薪炭林
	经济林	果树林
		食用原料林
		林化工业原料林
		药用林
		其他经济林

（4）面积。内业利用 ArcGIS 软件计算，单位为 hm^2。

（5）权属。查阅相关材料获得。林地所有权（地权）包括国有和集体，林木所有权（林权）包括国有、集体、个人、其他。

（6）海拔。内业利用 ArcGIS 软件基于 DEM 提取各小班的最低和最高海拔。

（7）坡度。内业利用 ArcGIS 软件基于 DEM 提取各小班的平均坡度。

（8）坡向。内业利用 ArcGIS 软件基于 DEM 提取各小班的平均坡向。分 9 级：北、东北、东、东南、南、西南、西、西北、无坡向（坡度 < 5° 时）。

（9）坡位。外业目测，分 6 级：脊、上、中、下、谷、平地（坡度 < 5° 时）。

（10）土壤类型。外业目测，记载至土壤亚类。

（11）土壤厚度。外业目测，分 3 级：厚（≥60 cm），中（30～59 cm），薄（< 30 cm）。

（12）腐殖质厚度。外业目测，分 3 级：厚（≥20 cm），中（10~19 cm），薄（<10 cm）。

（13）立地类型。外业目测，根据影响林木生长的坡向、坡位和土壤等主要因子共同命名，例如："阳坡中坡厚土薄腐"。

（14）林层。外业目测，据实际情况，分为单层林或复层林。

（15）灌木种类、高度、盖度、分布格局。外业目测，填写灌木物种名、平均高度（精确至 0.1 m）、盖度（精确至 0.05）、分布格局（分为单株分布、集群分布和均匀分布）。

（16）草本种类、高度、盖度。外业目测，填写草本物种名、平均高度（精确至 0.1 m）、盖度（精确至 0.05）。

（17）可及度。商品林小班要调查可及性，分为：即可及（具备采、集、运条件）、将可及（近期将具备）、不可及（因地形或经济原因暂时不具备）。

（18）优势树种。①在乔木林、疏林中，按蓄积量组成比重最大者确定；②在未达到起测胸径（平均胸径<5.0 cm）的幼龄林、未成林造林地中，按株数组成比例最大者确定；③在经济林、灌木林中，按株数或丛数比例最大者确定。

（19）树种组成。按上述优势树种调查方法，采用"十分法"确定。

（20）郁闭度。采用样线法测定，精确至 0.05。

（21）平均年龄。外业目测或访问获得，某些针叶树种可用计数轮枝数方法估测年龄。

（22）龄级和龄组。依据上述平均年龄，查表 SX-17 得到所属的龄级和龄组。

（23）平均胸径。使用直径卷尺量测 3~5 株平均木再计算其算数平均值，精确至 0.1 cm。

（24）平均高。使用测高器或花杆量测 3~5 株平均木再计算其算数平均值，精确至 0.1 m。

（25）每公顷蓄积。内业计算，由"二、角规点绕测"按式 1 计算，精确至 0.1 m³。

$$每公顷蓄积\ V = (\sum_{i=1}^{n}(G_i \times \text{FH}))/n, \quad (n\ 为角规点数，\text{FH}\ 查附表三) \qquad （式 1）$$

$$每公顷断面积\ G_i = x_i + 0.5 \times y_i, \quad (i\ 为第\ i\ 个角规点) \qquad （式 2）$$

（26）每公顷株数。内业计算，先用小班平均胸径、平均高按附表二计算单株立木材积 V，再按式 3 计算每公顷株数，精确至 1 株。

$$每公顷株数\ N = 每公顷蓄积\ V\ /\ 单株立木材积\ v \qquad （式 3）$$

（27）小班总蓄积。小班总蓄积 = 每公顷蓄积 V × 小班面积 S。

（28）小班总株数。小班总株数 = 每公顷株数 N × 小班面积 S。

（29）出材率等级。外业目测，用材林近、成、过熟林林分出材率等级由林分出材量占林分蓄积量的百分比或林分中商品用材树的株数占林分总株数的百分比确定，出材率等级划分标准查表 SX-18 获得。

（30）幼树幼苗。外业目测，填写林下更新的幼树幼苗（胸径<5.0 cm）的树种名、平均年龄、平均高度、每公顷株数。

（31）散生木。位于竹林地、灌木林地、未成造林地等的高大林木。

（32）四旁树。位于宅旁、村旁、路旁、水旁及田中/旁的林木。

（33）经营措施。外业目测，记录该小班近期已进行的经营措施，如主伐、间伐等。

（34）自然度。外业目测，分 3 级：Ⅰ（原始或受人为影响很小而基本处于原始的植被），Ⅱ（有明显人为干扰的天然植被或处于演替中期或后期的次生群落），Ⅲ（人为干扰很大，演替逆行处于极为残次的次生植被阶段或天然植被几乎破坏殆尽，难以恢复的逆行演替后期）。

表 SX-17 我国主要树种龄级与龄组划分

树种	地区	起源	龄组划分					龄级期限
			幼龄林	中龄林	近熟林	成熟林	过熟林	
红松、云杉、柏木、紫杉、铁杉	北部	天然	≤60	61~100	101~120	121~160	>161	20
	北部	人工	≤40	41~60	61~80	81~120	>121	20
	南部	天然	≤40	41~60	61~80	81~120	>121	20
	南部	人工	≤20	21~40	41~60	61~80	>81	20
落叶松、冷杉、樟子松、赤松、黑松	北部	天然	≤40	41~80	81~100	101~140	>141	20
	北部	人工	≤20	21~30	31~40	41~60	>61	10
	南部	天然	≤40	41~60	61~80	81~120	>121	20
	南部	人工	≤20	21~30	31~40	41~60	>61	10
油松、马尾松、云南松、思茅松、华山松、高山松	北部	天然	≤30	31~50	51~60	61~80	>81	10
	北部	人工	≤20	21~30	31~40	41~60	>61	10
	南部	天然	≤20	21~30	31~40	41~60	>61	10
	南部	人工	≤10	11~20	21~30	31~50	>51	10
杨树、柳树、桉树、檫树、楝树、泡桐、木麻黄、枫杨、软阔类	北部	人工	≤10	11~15	16~20	21~30	>31	5
	南部	人工	≤5	6~10	11~15	16~25	>26	5
桦树、榆树、木荷、枫香、珙桐	北部	天然	≤30	31~50	51~60	61~80	>81	10
	北部	人工	≤20	21~30	31~40	41~60	>61	10
	南部	天然	≤20	21~40	41~50	51~70	>71	10
	南部	人工	≤10	11~20	21~30	31~50	>51	10
栎类、柞类、槠类、栲类、香樟、楠木、椴树、水曲柳、胡桃楸、黄菠萝、硬阔类	南北	天然	≤40	41~60	61~80	81~120	>121	20
	南北	人工	≤20	21~40	41~50	51~70	>71	10
杉木、柳杉、水杉	南部	人工	≤10	11~20	21~25	26~35	>36	5

注：飞播林同人工林。

表 SX-18 用材林近、成、过熟林林分出材率等级

出材率等级	林分出材率			商品用材树比率		
	针叶林	针阔混交林	阔叶林	针叶林	针阔混交林	阔叶林
Ⅰ	>70%	>60%	>50%	>90%	>80%	>70%
Ⅱ	50%~69%	40%~59%	30%~49%	70%~89%	60%~79%	45%~69%
Ⅲ	<50%	<40%	<30%	<70%	<60%	<45%

4. 角规点绕测。填写"附表七 小班调查记录表"中的"二、角规点绕测"。

现地选取有代表性的典型地块，每个小班依据其面积大小设置 2~5 个角规点进行角规点绕测。现地选取角规点时应注意：所选取的角规点应能充分代表该小班的平均状况，应在大量踏查的基础上，在不同环境梯度（如上坡、中坡、下坡）分别设置角规点，这样能更准确地获得每公顷胸高断面积，提高每公顷蓄积量调查精度。

具体绕测方法及要求：调查员甲站在角规点处，采用适宜的角规常数（当遇坡度≥5°时在角规上进行杆长改正），沿顺时针方向绕测 360°。当遇到符合计数要求的林木（缺口与目标林木胸高处的树干相割或相切）时，向记录员乙报数"相割 1 株"或"相切 1 株"；记录员乙在"二、角规点绕测"中对应径阶的"相割木"或"相切木"栏内划"正"字计数。同法沿逆时针方向绕测 360°，若 2 次绕测的结果不同则重做，直至相同为止。

5. 内业小班矢量数据库的建立。利用 ArcGIS 软件将小班调查记录表按照规定的数据库结构，建立并录入小班矢量数据库。

【实训报告要求】
每组完成并提交纸质小班调查记录表（附表七）及小班矢量数据库（电子版）。

实训 26 | 地形图拼接

【实训目标】
了解和掌握地形图投影设置和拼接的操作方法。

【实训形式】
不分组，每人室内完成地形图扫描和拼接。

【用品用具】
每人配备：纸质版地形图 2 幅，计算机及 ArcGIS 软件，ERDAS IMAGINE 软件等。

【实训内容与方法】
1. 图件扫描。将 2 幅纸质地形图利用大幅面扫描仪扫描，生成电子版栅格格式文件。
2. 投影设置。扫描生成的地形图栅格图像不带任何投影信息，需要根据地形图自身的投影坐标系进行投影设置。以 1954 北京坐标系为例，在 ArcGIS 软件中设置投影信息的步骤如下：加载地形图栅格图像，右击图像视图窗口，在弹出菜单中选择"Data Frame Properties"，在选项卡"General"的"Units"栏中设置 Map 为 Meters，Display 为 Meters；在选项卡"Coordinate System"的"Select a coordinate system"中依次选择 Predefined → Projected Coordinate Systems → Gauss Kruger → Beijing 1954 → Beijing 1954 GK Zone 17 完成投影设置。

3. 启动地理参考模块。在 ArcGIS 软件中启动 "Georeferencing"，出现 Georeferencing 模块工具条。

4. 选取和设置地面控制点坐标。在地形图的四角分别选择 1 个地面控制点。如下是以一幅地形图的西北角选点为例（图 SX-18）。该点标示的位置为公里网线的交点，其 X 坐标为 17 699 000 m，Y 坐标为 2 988 000 m。利用 Georeferencing 模块工具条的 "Input X and Y" 输入此点的 X 和 Y 坐标（图 SX-19）。完成 4 个角点的坐标设置后，在 Georeferencing 模块工具条中依次选择 Georeferencing → Rectify 输出带有正确投影信息的地形图栅格图像。重复上述过程完成所有地形图栅格图像的输出。

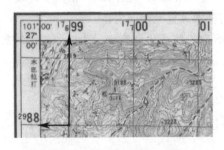

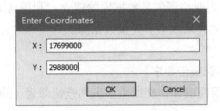

图 SX-18　公里网线交点选取　　　　　　图 SX-19　坐标输入

5. 单幅地形图裁剪。利用 ERDAS IMAGINE 软件的 AOI 工具，沿地形图的图域边框手工绘制裁剪边界，利用 DataPrep → Subset Image 进行单幅地形图的裁剪。重复上述过程完成所有地形图栅格图像的裁剪。

6. 多幅地形图拼接。利用 ERDAS IMAGINE 软件 → DataPrep 模块 → Mosaic Image → Mosaic Tool，添加多幅地形图栅格图像，设置重采样参数后，即完成多幅地形图的拼接。

【实训报告要求】
每人提交拼接后的地形图栅格图像（纸质地形图如数交回，电子版删除不得保留）。

实训 27 | 地形图矢量化

【实训目标】
了解和掌握地形图矢量化的操作方法。

【实训形式】
不分组，每人室内完成地形图矢量化。

【用品用具】

每人配备：电子版地形图 1 幅，计算机及 ArcGIS 软件等。

【实训内容与方法】

1. 图像二值化处理。利用 ArcMap 的重分类工具对地形图栅格图像进行二值化处理。

2. 创建空白图层。依次运行 ArcCatalog → File → New → Shapefile，创建一个 line 格式的 shapefile 文件。

3. 启动 ArcScan。依次运行 ArcMap → View → Toolbars → ArcScan（图 SX-20），单击 "Raster Snapping Options" 按钮，根据实际要求设置栅格捕捉选项。

图 SX-20　ArcScan 工具条

4. 擦除不需要的区域。依次运行 ArcScan 工具条上的 Raster Cleanup → Start Cleanup 清理不需要矢量化的地图要素（如文字注记、高程点等）。

5. 半自动矢量化。运行 ArcScan 工具条上的 Vectorization Trace 工具，在地形图中某条等高线上单击开始跟踪矢量化，沿此等高线方向继续单击，可发现 Vectorization Trace 工具自动跟踪线要素的边界，按此方法矢量化每条等高线。

6. 全自动矢量化。①依次运行 ArcScan 工具条上的 Vectorization Settings → Vectorization Settings，根据实际要求进行矢量化参数设置（图 SX-21）；②通过 ShowPreview 预览矢量化后的结果；③通过 Generate Features 生成初步结果；④完成修改编辑后保存。

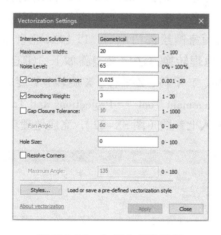

图 SX-21　矢量化参数设置

【实训报告要求】

每人提交地形图等高线矢量图层数据（电子版删除不得保留）。

实训 28 | 投影变换

【实训目标】

巩固林业常用投影坐标系的基础知识，了解和掌握投影变换的操作方法。

【实训形式】

不分组，每人完成偏移量的计算和投影变换。

【用品用具】

每人配备：手持式 GPS 接收机 1 台，电子版地形图 1 幅（1954 北京坐标系），计算机及 ArcGIS 软件，铅笔、橡皮和草稿纸等。

【实训内容与方法】

1. 偏移量计算。在测区附近选择一个国家已知点（X_1，Y_1），在该已知点上用手持式 GPS 测定 WGS84 坐标（经纬度），将此坐标视为有误的 1954 北京坐标，并将其转换为 1954 北京坐标系的平面直角坐标（X，Y），然后与已知坐标相比较则可计算偏移量，即 $\triangle X_1 = X - X_1$，$\triangle Y_1 = Y - Y_1$。同理可求得 1980 西安坐标系相对于 WGS84 坐标的偏移量 $\triangle X_2$、$\triangle Y_2$，故由 1954 北京坐标转换成 1980 西安坐标的偏移量即为 $\triangle X = \triangle X_2 - \triangle X_1$、$\triangle Y = \triangle Y_2 - \triangle Y_1$。

2. 地理转换方法定义。在不同投影坐标系之间转换时，通常需要提供一个 Geographic Transformation，因为不同投影坐标系的 Datum 不同。常用的方法是自定义七参数或三参数实现投影转换。需要特别注意的是，我国的转换参数是保密的。在需要的情况下，可以自行计算或在购买数据时向国家测绘部门申请。以 1954 北京坐标系向 1980 西安坐标系变换为例，采用七参数法进行地理转换方法定义步骤如下：①自行利用已知点求得转换七参数（即偏移量），包括 X 平移、Y 平移、Z 平移、X 旋转、Y 旋转、Z 旋转、K 尺度；②依次运行 ArcToolbox → Data Management Tools → Projections and Transformations → Create Custom Geographic Transformation，输入七参数（图 SX-22），完成地理转换方法定义。

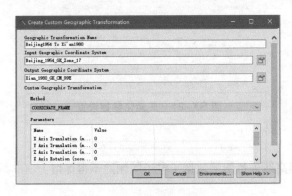

图 SX-22　地理转换方法定义

3. 投影变换。依次运行 ArcToolbox → Data Management Tools → Projections and Transforma-tions → Raster → Project Raster，依次定义输入数据和目标变换的投影坐标系，在"Geographic Transformation（optional）"中选择已定义的地理转换方法"Beijing1954 To Xi'an1980"，完成投影变换。

【实训报告要求】

每人提交投影变换后的地形图栅格图像（电子版删除不得保留）。

实训 29 ｜ 几何校正

【实训目标】

了解和掌握遥感图像几何校正的操作方法。

【实训形式】

不分组，每人完成 1 幅遥感图像的几何校正。

【用品用具】

每人配备：电子版 ASTER_original.hdr（待校正的图像）和 etm_reference.img（参考图像），计算机及 ERDAS IMAGINE 软件等。

【实训内容与方法】

1. 启动几何校正。①在 2 个 Viewer 视窗中分别加载 2 景图像 ASTER_original.hdr（待校正的图像放于左侧）和 etm_reference.img（参考图像放于右侧），②在待校正的图像视窗菜单栏依次选择 Raster → Geometric Correction，在出现的 Set Geometric Model 中选择 Polynomial，在出现的 Polynomial Model Properties（No File）中设置 Polynomial Order 右侧的数值 t，③在出现的 GCP Tool Reference Setup 中选择 Existing Viewer，单击 etm_reference.img 的 Viewer 窗口的图像区域，至此启动几何校正。

2. 选取地面控制点。在图像上均匀地选取明显的、清晰的地面控制点，如道路交叉点、河流汇合口、建筑物等，地面控制点选取的最少个数按 $GCP_{min} = (t+1)(t+2)/2$ 计算。

3. 计算 RMS 误差。选取足够的地面控制点后，计算 RMS 误差（均方根）。RMS Error 栏中每个点的数值应小于 1（即校正误差控制在 1 个像元内）。若其中部分 RMS 误差大于 1，则可通过删除 RMS 误差较大值的点或微调 Contrib 栏中较大值的点在图像中的位置进行调整，最终使所有点的 RMS Error 均小于 1（图 SX–23）。

4. 重采样输出。选择 Nearest Neighborhood（最近邻重采样方法），根据要求定义重采样后像元的大小，输出几何校正的结果图像。可利用 Utility → Swipe 进行校正前后的对比检查。

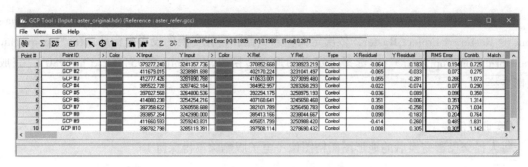

图 SX-23　RMS 误差计算

【实训报告要求】

每人提交几何校正后的结果图像（电子版）。

实训 30 | 目视解译

【实训目标】

了解和掌握目视解译的一般方法。

【实训形式】

不分组，每人完成典型地类的目视解译。

【用品用具】

每人配备：SPOT 或 QuickBird 遥感影像，计算机及 ArcGIS 软件等。

【实训内容与方法】

1. 目视解译 8 要素。包括大小、形状、阴影、颜色、纹理、图案、位置和环境。辨别影像与地物的对应关系，判断、归类地物目标。

2. 遵循的原则。先图外、后图内，先整体、后局部，勤对比、多对比。

3. 常用的方法。①直接判读法：根据遥感影像目视判读标志，直接确定目标地物属性与范围。②对比分析法：包括同类地物对比分析法、空间对比分析法和时相动态对比法，是由已知地物推出未知目标地物的方法。③地理相关分析法：借助专业知识，分析推断某种地理要素性质的状况与分布，根据专题图或地形图提供的多种辅助信息识别遥感图像上目标地物的方法。

4. 地类判读。了解遥感图像的类型、比例尺、成像时间、拍摄区域等信息，根据判读标志，对地物进行观察和综合分析，解译地类名称。

【实训报告要求】

每人完成并提交地类判读记录表（表 SX-19）。

表 SX-19 地类判读记录

土地类型	判读标志		
	色调特征	图形特征	其他特征
有林地			
疏林地			
未成林造林地			
耕地			
牧草地			
河流			
湖泊			
水库			
建设用地			
裸地			

实训 31 | 林业基本图的制作

【实训目标】

了解和掌握 ArcGIS 制图的一般方法，学会林业基本图制作的要求和方法。

【实训形式】

不分组，每人室内完成林业基本图的制图输出。

【用品用具】

每人配备：某林场森林资源管理的各类矢量和栅格图层，计算机及 ArcGIS 软件等。

【实训内容与方法】

1. 基础底图。地形图或近期成像的遥感影像图（空间分辨率以 1.0～3.0 m 为宜）。

2. 比例尺。基础底图多采用 1：10 000 或 1：25 000 比例尺的地形图或近期成像的遥感影像图（空间分辨率以 1.0～3.0 m 为宜）。以县级林业和草原局或国有林场为单位编制，常按 1：10 000 或 1：25 000 比例尺国际分幅打印输出。

3. 包含的内容。

① 各类区划界线（国界、省界、地区界、县/市/区界、乡镇界、村界、林场界、分场界、林班界、小班界）；

② 交通线路（铁路、高速公路、一级公路、二级公路、国道、省道、县道、乡村公路、林区公路）；

③ 水系（河流、湖泊、水库、水渠）；

④ 居民地（省、市、县、乡镇、村委会、林场、分场等的驻所位置）；

⑤ 地貌（山脊、山峰、陡崖等）。

4. 注记内容。

① 林班注记（如：团山村1，注记在林班的中心位置）；

② 小班注记（小班号+优势树种简称/地类简称+小班面积）。

【实训报告要求】

每人完成并提交某林场的林业基本图（电子版），总结林业基本图的制图要点。

实训 32 | 林相图的制作

【实训目标】

了解和掌握 ArcGIS 制图的一般方法，学会林相图制作的要求和方法。

【实训形式】

不分组，每人室内完成林相图的制图输出。

【用品用具】

每人配备：某林场森林资源管理的各类矢量和栅格图层，计算机及 ArcGIS 软件等。

【实训内容与方法】

1. 基础底图。林业基本图。

2. 比例尺。常以林场或乡镇为单位编制，按 1∶10 000 或 1∶25 000 比例尺打印输出。

3. 包含的内容。与林业基本图一致。凡有林地小班，进行全小班着色，按优势树种确定色标，按龄组确定色层。其他小班仅注记小班号及地类符号。

4. 注记内容。

① 林班注记（如：团山村1，注记在林班的中心位置）；

② 小班注记（小班号+面积/优势树种简称+造林年度，或小班号+面积/地类）。

5. 着色内容。以优势树种+龄组为依据，根据《林业地图图式》（LY/T 1821–2009）规定的林相色标进行有林地全小班着色。

【实训报告要求】
每人完成并提交某林场的林相图（电子版），总结林相图的制图要点。

实训 33 ｜ 森林分布图的制作

【实训目标】
了解和掌握 ArcGIS 制图的一般方法，学会森林分布图制作的要求和方法。

【实训形式】
不分组，每人室内完成森林分布图的制图输出。

【用品用具】
每人配备：某林场森林资源管理的各类矢量和栅格图层，计算机及 ArcGIS 软件等。

【实训内容与方法】
1. 比例尺。以县级林业和草原局或国有林场为单位编制，一般按 1∶50 000 或 1∶100 000 比例尺单幅打印输出。
2. 包含的内容。以林相图缩小绘制而成，将林相图上的小班进行适当综合。凡在森林分布图上大于 4 mm² 的非有林地小班界均需绘出。但大于 4 mm² 的有林地小班，则不绘出小班界，仅根据林相图着色区分。
3. 注记内容。县驻地、乡镇驻地、村驻地、林场驻地、分场驻地、林班号。不注记小班信息。
4. 着色内容。参照林相图着色，根据《林业地图图式》（LY/T 1821–2009）规定的林相色标进行有林地全小班着色。

【实训报告要求】
每人完成并提交某林场的森林分布图（电子版），总结森林分布图的制图要点。

实训 34 | 四旋翼无人机林业航测

【实训目标】

了解和掌握利用四旋翼无人机进行林地低空遥感影像采集的外业航测操作方法。

【实训形式】

以 5～6 人为一组，每组室外完成至少 2 次的航测飞行练习，初步掌握航线规划的基础知识和操作方法。

【用品用具】

每组配备：四旋翼无人机 1 套，无人机电池 3～5 块，ipad 平板电脑及 DJI GS Pro 软件，实践飞行记录本 1 本，地面控制点标志 5～9 个（视需要可选），差分 GPS 系统 1 套（视需要可选）等。

【实训内容与方法】

1. 作业区踏查。①了解作业区内是否包含需事先获得飞行许可的重点目标区域；②了解作业区的范围、边界、地形、植被和土壤等的分布情况；③特别注意作业区内海拔较高的地物，如山峰、林木、建筑物和输电线路等；④判断并选定适合的起降场地。

2. 地面控制点测量（可选）。在精度要求较高、相关条件具备的情况下，可在航测之前采用差分 GPS（differential GPS，DGPS）系统进行地面控制点的布设和测量。① GCP 的数量：视精度要求和作业区地形的复杂程度确定，数量不宜过少。② GCP 的标志：在 A4 尺寸的白板上，打印醒目、清晰的"十"形标志及编号，平置于每个 GCP 位置。③ GCP 的布设：采用单点方案或加密方案，尽可能均匀地分布于作业区。④ GCP 的测量：采用差分 GPS 系统测量各 GCP 的坐标信息，投影平面坐标系一般设置为 WGS84–UTM。

3. 地面站软件介绍。以 DJI GS Pro 为例，介绍地面站软件的功能和参数指标。

4. 航线规划及飞行。每人的飞行时间约 20 min–30 min，至少 2 次进行如下飞行练习内容：①检查飞行器和遥控器的电量；②安装和准备飞行器；③安装和准备遥控器；④上电开机；⑤检查地面站软件中各部件的状态信息；⑥设定并熟悉遥控动作；⑦在地面站软件手动绘制测区范围；⑧设置参数信息：相机型号、相机朝向、拍照模式、飞行高度（至少 2 次飞行，可根据实际情况分别设置为 50 m、100 m、……）、飞行速度、图像重复率、主航线角度、边距、云台俯仰角度、任务完成动作；⑨执行飞行及完成任务；⑩手动 / 自动返航降落；⑪断电关机；⑫图像导出。

【实训报告要求】

每组完成并提交作业区航测图像（电子版）；每人撰写书面实训报告，包括具体步骤及详细操作方法、结果及分析、问题讨论。

实训 35 ｜ 无人机影像预处理

【实训目标】

了解常用无人机航测影像处理软件 Pix4Dmapper、Menci APS 和 PhotoScan 的主要功能和界面，掌握利用上述 3 款软件进行林业无人机航测影像预处理的主要步骤和操作方法。

【实训形式】

不分组，每人室内完成 1 个作业区的 Pix4Dmapper、Menci APS 和 PhotoScan 无人机影像预处理。

【用品用具】

每人配备：1 个作业区的无人机航测图像，计算机及 Pix4Dmapper、Menci APS、PhotoScan 测试版软件，地面控制点文件（视需要可选）等。

【实训内容与方法】

1. 软件功能介绍。分别介绍 Pix4Dmapper、Menci APS、PhotoScan 软件的主要功能和界面布局；熟悉上述 3 款软件用于无人机航测图像预处理的主要步骤；熟悉上述 3 款软件预处理的主要成果及导出方法。

2. 基于 Pix4Dmapper 的无人机影像预处理操作。①原始资料的准备；②新建工程；③添加图像；④设置相机型号；⑤设置处理选项模板；⑥快速检测；⑦导入地面控制点文件（可选）；⑧设置输出坐标系；⑨初始化处理；⑩点云及纹理；⑪DSM，正射影像图及指数；⑫预处理结果导出。

3. 基于 Menci APS 的无人机影像预处理操作。①原始资料的准备；②新建工程；③设置相机模型；④添加图像；⑤设置坐标系统；⑥设置匹配策略；⑦导入地面控制点文件（可选）；⑧设置批处理过程；⑨ DSM 结果导出；⑩网格纹理结果导出；⑪DTM 结果导出；⑫ DOM 结果导出。

4. 基于 PhotoScan 的无人机影像预处理操作。①原始资料的准备；②新建工程；③相机校准；④添加照片；⑤导入地面控制点文件（可选）；⑥对齐照片；⑦优化图片对齐；⑧建立密集点云；⑨生成网格和纹理；⑩生成 DEM 导出；⑪生成 DOM 导出。

5. 结果输出。获得并导出该作业区航测影像预处理的主要结果：①数字正射影像（DOM）、②数字表面模型（DSM）、③数字地形模型（DTM）、④ 3D 点云、⑤ 3D 网格纹理、⑥质量报告。

【实训报告要求】

每人完成并提交作业区航测图像预处理结果（电子版），撰写书面实训报告，包括具体步骤及详细操作方法、结果及分析、问题讨论。

实训 36 | 数据标准化处理

【实训目标】

了解数据标准化处理的基本原理，掌握常用数据标准化处理的计算方法。

【实训形式】

不分组，每人室内完成样例数据的标准化处理。

【用品用具】

每人配备：样例数据，计算机及 SPSS 或 Excel 软件等。

【实训内容与方法】

1. 样例数据。已知某地区各县的社会经济指标数据如表 SX-20。

表 SX-20　某地区各县社会经济指标数据（样例）

县 / 区	年均气温 /℃	年降水量 /mm	第一产业 比重 /%	第二产业 比重 /%	第三产业 比重 /%	人均 GDP/ （元 / 人）	森林覆盖率 /%
X_1	14.7	1 094.1	5.68	13.83	86.27	22 489.00	53.00
X_2	14.7	1 094.1	6.26	12.34	87.66	27 400.00	60.00
X_3	14.7	1 094.1	12.88	33.96	53.16	21 017.00	48.00
X_4	14.7	1 094.1	8.33	38.24	53.43	20 703.00	54.60
X_5	20.2	688.9	21.13	45.23	33.65	2 157.00	20.80
X_6	14.6	790.9	21.40	51.92	26.68	9 129.00	42.00
X_7	14.6	913.0	23.26	53.91	22.83	6 971.00	53.30
X_8	15.8	841.6	33.02	29.06	37.74	3 920.00	38.61
X_9	16.3	920.9	31.89	26.07	42.05	7 271.00	46.20
X_{10}	15.6	924.5	34.27	31.47	34.17	4 520.00	46.00
X_{11}	14.0	994.7	33.66	35.16	31.18	3 414.00	45.20
X_{12}	15.6	964.9	53.25	17.02	29.73	2 215.00	56.07
X_{13}	14.4	1 030.8	44.63	14.74	40.74	1 940.00	41.63
X_{14}	14.7	889.4	8.40	62.14	29.49	14 474.00	38.61
X_{15}	14.5	1 002.2	7.43	54.36	38.21	12 476.00	28.60
X_{16}	13.5	1 021.0	46.40	21.85	31.76	2 388.00	38.39
X_{17}	14.6	971.7	43.68	27.82	28.50	3 521.00	34.00
X_{18}	13.7	1 260.8	44.16	21.79	34.05	3 005.00	35.10
X_{19}	15.1	1 723.8	21.69	40.20	38.11	3 725.00	30.40
X_{20}	13.7	1 075.5	39.55	30.50	29.96	3 141.00	26.21

2. min-max 标准化。也叫离差标准化，是对原始数据的线性变换，使结果落到 [0, 1] 区间内，计算公式为：$Z = (X - X_{min}) / (X_{max} - X_{min})$。

式中：Z 为标准化值；X 为实际值；X_{min} 为最小值；X_{max} 为最大值。

3. Z-score 标准化。又称标准差标准化，适用于最大值和最小值未知的情况，或有超出取值范围的离群数据的情况，计算公式为：$Z = (X - \overline{X}) / S$。

式中：Z 为标准化值；X 为实际值；$\overline{X}$ 为平均值；S 为标准差。

【实训报告要求】

每人完成并提交 2 种常用标准化处理的结果（电子版），讨论分析 2 种常用标准化处理方法的特点及适用情况。

实训 37 | 主伐年伐量的计算

【实训目标】

了解和掌握利用面积控制法的 5 种计算公式计算主伐年伐量的方法。

【实训形式】

不分组，每人室内完成主伐年伐量的计算。

【用品用具】

每人配备：样例数据，科学计算器 1 台，铅笔、橡皮和草稿纸等。

【实训内容与方法】

1. 样例数据。某杉木用材林经营类型各龄级面积和蓄积分配如表 SX-21 所示，该经营类型轮伐期为 25 年（Ⅴ龄级），5 年一个龄级，按林况采伐的面积 60 hm²，采伐蓄积为 6 300 m³，采伐年限定为 5 年。试用区划轮伐、成熟度公式、林龄公式、林况公式计算其主伐年伐量。

表 SX-21 杉木Ⅱ地位级用材林经营类型各龄级面积和蓄积分布（样例）

龄级	Ⅰ	Ⅱ	Ⅲ	Ⅳ	Ⅴ	Ⅵ	Ⅶ	合计
面积 /hm²	6	94	40	55	35	60	20	310
蓄积 /（m³/hm²）	110	2 690	2 000	6 600	4 025	7 200	2 600	25 225

2. 龄组划分。根据轮伐期和龄级划分龄组。通常把达到轮伐期的那个龄级和高一个龄级的林分称为成熟林，更高的龄级，无论有多少个，都属于过熟龄组。比成熟林低的一个龄级

称为近熟林。在近熟林以下，龄级数为偶数时，中龄林和幼龄林各占一半；如果龄级数为奇数，则幼龄林的龄级数较中龄林的多一个。

3. 主伐年伐量计算。

① 区划轮伐：

$$年伐面积 = 经营类型总面积 / 轮伐期$$

$$年伐蓄积 = 年伐面积 \times 成、过熟林平均每公顷蓄积量$$

② 成熟度公式：

$$年伐面积 = 成、过熟林面积 / 一个龄级期的年数$$

$$年伐蓄积 = 年伐面积 \times 成、过熟林平均每公顷蓄积量$$

③ 第 I 林龄公式：

$$年伐面积 = （成、过熟林面积 + 近熟林面积）/2 个龄级期的年数$$

$$年伐蓄积 = 年伐面积 \times 成、过熟林平均每公顷蓄积量$$

④ 第 II 林龄公式：

$$年伐面积 = （中龄林面积 + 近熟林面积 + 成、过熟林面积）/3 个龄级期的年数$$

$$年伐蓄积 = 年伐面积 \times 成、过熟林平均每公顷蓄积量$$

⑤ 林况公式：

$$年伐面积 = 按林况需要进有来伐的小班面积之和 / 采伐年限$$

$$年伐蓄积 = 林况需要进行采伐的小班蓄积之和 / 采伐年限$$

【实训报告要求】

每人完成并提交计算结果，讨论分析 5 种公式的特点及适用条件。

实训 38 | 森林资源二类调查报告编制

【实训目标】

了解森林资源二类调查报告的编制要点。

【实训形式】

不分组，每人室内学习森林资源二类调查报告的编制要点。

【用品用具】

每人配备：某县森林资源二类调查报告（样例）。

【实训内容与方法】

1. 报告正文。建议按如下编制要点及章节安排进行统计、分析和撰写：

第 1 章 调查工作概述

1.1 调查目的、意义和依据

1.2 调查范围与内容

1.3 主要技术方法

1.4 工作开展情况

1.5 总体蓄积量抽样控制计算

1.6 主要调查数据

第 2 章 调查地区基本情况

2.1 行政区划

2.2 自然条件

2.3 社会经济概况

2.4 林业建设现状

第 3 章 森林资源现状

3.1 各类土地面积及活立木总蓄积

3.2 各类森林面积、蓄积及覆盖率

3.3 各类森林的起源

3.4 各类森林的质量

3.5 经济林木类资源

3.6 竹类资源

3.7 灌木林资源

3.8 无立木林地资源

3.9 宜林地资源

3.10 其他林地、林木资源

第 4 章 森林资源生长量与消耗量

4.1 森林生长率与生长量

4.2 森林资源消耗量

第 5 章 森林资源变动情况分析

5.1 两期调查的可比性分析

5.2 两期调查范围和面积情况

5.3 两期调查森林资源的变动情况

5.4 经营活动对资源变动的影响

第 6 章 森林分类经营与经营措施

6.1 公益林地和商品林地

6.2 公益林地的事权等级

6.3 林地保护等级

6.4 林种划分

6.5 林地的土壤与立地类型

6.6 森林经营措施类型

第 7 章 森林资源特点及评价

7.1 森林资源特点

7.2 森林资源评价

第 8 章 经营措施和经营活动分析评价

依据调查地区林业特点撰写

第 9 章 林业发展建议

依据调查地区林业特点撰写

2. 附表和附图。建议包含如下附表和附图:

立地类型表

森林经营措施类型表

森林资源规划设计调查统计表

森林分类经营图

森林分布图

林相图

林业基本图

卫星影像图

【实训报告要求】

每人总结并写出县级森林资源二类调查报告的编制要点。

实训 39 | 森林经营方案编制

【实训目标】

了解森林经营方案的编制要点。

【实训形式】

不分组，每人室内学习森林经营方案的编制要点。

【用品用具】

每人配备：某县森林经营方案（样例）。

【实训内容与方法】

1. 方案正文。建议按如下编制要点及章节安排进行统计、分析和撰写：

第 1 章 自然社会经济条件分析

  1.1 自然条件

  1.2 经济条件

  1.3 社会条件

  1.4 林业生产概况

第 2 章 上期森林经营管理评价

  2.1 上期森林经营方案实施情况

  2.2 森林资源质量综合评价

  2.3 森林经营评价

第 3 章 森林资源分析评价

  3.1 森林资源调查质量评估

  3.2 森林资源现状

  3.3 林业发展的优势与不足

第 4 章 森林经营方针与目标

  4.1 森林经营方针

  4.2 森林经营目标体系

  4.3 森林经营任务

第 5 章 森林经营布局

  5.1 功能区布局

  5.2 基地布局

  5.3 生产区布局

第 6 章 森林经营类型的划分

  6.1 森林经营类型的区划

  6.2 森林经营类型的组织

  6.3 森林资源可持续经营措施模式

第 7 章 森林培育规划

  7.1 更新造林

  7.2 幼林抚育

  7.3 抚育间伐

  7.4 低产低效林分改造

  7.5 封山育林

第 8 章 森林采伐规划

  8.1 合理年伐量测算

  8.2 采伐规划

  8.3 伐区配置

  8.4 采伐管理

第 9 章 森林多资源利用规划

  9.1 非木质资源开发

  9.2 林下经济开发

  9.3 林业产业开发

  9.4 森林旅游资源开发

第 10 章 森林保护规划

  10.1 森林防火

  10.2 有害生物防治

  10.3 护林管理体系建设

  10.4 森林监测预警系统建设

10.5 森林生态环境保护　　　　　　　　11.5 管理信息系统建设

第 11 章　基础设施建设规划　　　　　　第 12 章　投资概算与效益分析

　11.1　森林火险综合治理建设　　　　　　12.1　主要技术经济指标

　11.2　林业有害生物防治建设　　　　　　12.2　投资概算与资金来源

　11.3　林区道路建设　　　　　　　　　　12.3　生产成本与效益预测

　11.4　管护用房建设　　　　　　　　　　12.4　效益分析

2. 附表和附图。建议包含如下附表和附图：

森林经营单位基本情况表　　　　　　　森林经营投资概算表

森林资源现状表　　　　　　　　　　　经营成本、收入、利润等财务分析表

立地类型表　　　　　　　　　　　　　森林资源分布现状图

造林类型表　　　　　　　　　　　　　经营区划与经营布局图

森林经营类型设计表　　　　　　　　　森林分类区划图

造林更新表　　　　　　　　　　　　　森林经营类型分布图

森林抚育改造表　　　　　　　　　　　森林经营规划图

森林采伐规划表　　　　　　　　　　　森林采伐规划图

木材及主要林产品生产规划表　　　　　营林基础设施现状与规划图

种苗、用工量等测算表

【实训报告要求】

每人总结并写出森林经营方案的编制要点。

实训 40 ｜ 目标规划应用

【实训目标】

了解和掌握利用目标规划模型进行森林经营决策的方法。

【实训形式】

不分组，每人室内完成目标规划模型的建立。

【用品用具】

每人配备：科学计算器 1 台，铅笔、橡皮和草稿纸等。

【实训内容与方法】

1. 样例 1。某林场经营一块森林，面积不超过 70 000 hm²，一部分区划为生态公益林，一部分区划为商品林，无论生态公益林抑或商品林，区划面积均不超过 50 000 hm²。在森林经营

过程中，需要考虑 2 个经营目标，既要考虑生态效益最大，亦要考虑经济效益最大。假定生态公益林每万公顷的生态效益为 3 亿元、经济效益为 1 亿元，商品林每万公顷的生态效益为 1 亿元、经济效益为 2 亿元，如何科学合理区划生态公益林和商品林，使得该林场可以获得生态效益和经济效益双赢？列出规划模型和约束条件。

2. 样例 2。某林场共有林地面积 6 000 hm^2，包含人工云南松纯林、天然云南松纯林、天然阔叶混交林、人工针叶混交林和天然针阔混交林 5 种类型，各类型的现有面积和单位面积平均碳储量如表 SX-22 所示。现要求规划调整目前的森林类型，目标是实现森林的碳储量最大，且混交林的面积不小于总面积的 2/3，天然林面积不减少，人工林面积不大于 3 000 hm^2。列出规划模型和约束条件。

表 SX-22 某林场各类型的现有面积和单位面积平均碳储量（样例）

类型	现有面积 /hm^2	单位面积平均碳储量 / (t/ hm^2)
人工云南松纯林	S_1	C_1
天然云南松纯林	S_2	C_2
天然阔叶混交林	S_3	C_3
人工针叶混交林	S_4	C_4
天然针阔混交林	S_5	C_5

3. 样例 3。某林农共有马尾松人工林面积 70 hm^2，区划为 2 个小班，龄组分别为成熟林和过熟林，面积分别为 30 hm^2 和 40 hm^2（表 SX-23）。该林农期望未来 20 年的木材收获量最大，采伐面积不超过每个小班面积的 80%，且采伐量每 5 年（即 1 个分期）增加 10%，皆伐后造林。试以各分期采伐面积为决策变量，建立该问题的规划模型。列出规划模型和约束条件。

表 SX-23 某林农上期马尾松经营简况（样例）

小班	现有面积 /hm^2	蓄积量 / (m^3/hm^2)			
		分期 1	分期 2	分期 3	分期 4
1	30	100	110	130	150
2	40	140	160	180	200

【实训报告要求】
每人完成并提交规划模型和约束条件。

附　表

附表一　云南省主要树种一元立木材积公式

起源	树种	A	B	C	a	b	k
天然	金沙江流域云南松	0.0000582901175	1.9796344	0.90715155	57.279	2 916.293	51
天然	澜沧江流域云南松	0.0000582901175	1.9796344	0.90715155	66.538	5 260.696	79
天然	怒江流域云南松	0.0000582901175	1.9796344	0.90715155	48.979	1 925.329	39
天然	滇东南云南松	0.0000582901175	1.9796344	0.90715155	49.070	2 253.593	44
天然	滇中/滇东北云南松	0.0000582901175	1.9796344	0.90715155	28.722	750.391	25
天然	滇南云南松	0.0000582901175	1.9796344	0.90715155	44.486	2 488.909	57
天然	扭曲云南松	0.0000582901175	1.9796344	0.90715155	43.492	2 433.754	56
天然	滇西北华山松	0.0000599738390	1.8334312	1.02953150	34.763	1 331.287	55
天然	滇中/滇东北/滇东南华山松	0.0000599738390	1.8334312	1.02953150	24.635	526.415	20
天然	思茅松	0.0000515777140	1.9852180	0.92035096	56.525	3 391.181	62
天然	滇西北云杉	0.0000641161950	1.8374832	1.02806310	90.600	8 183.079	90
天然	金沙江流域冷杉	0.0000711712520	1.9327326	0.91161229	62.705	4 235.793	69
天然	澜沧江流域冷杉	0.0000711712520	1.9327326	0.91161229	81.026	6 549.093	81
天然	高山松	0.0000612389220	2.0023969	0.85927542	34.432	894.400	24
天然	落叶松	0.0000683200000	1.7413600	1.11535000	55.337	3 072.074	56
天然	杉木	0.0000587770420	1.9699831	0.89646157	68.849	5 607.556	82
天然	滇西北油杉	0.0000571735910	1.8813305	0.99568845	39.488	1 915.240	51
天然	滇中/滇东北/滇东南油杉	0.0000571735910	1.8813305	0.99568845	43.460	2 864.617	67
天然	铁杉	0.0000571735910	1.8813305	0.99568845	68.067	7 655.513	128
天然	金沙江/澜沧江流域栎类	0.0000595997840	1.8564005	0.98056206	26.359	468.887	15
天然	怒江流域栎类	0.0000595997840	1.8564005	0.98056206	55.609	3 912.181	74
天然	滇东南栎类	0.0000595997840	1.8564005	0.98056206	42.623	2 035.164	50

起源	树种	A	B	C	a	b	k
天然	滇中/滇东北栎类	0.0000595997840	1.8564005	0.98056206	28.383	684.745	23
天然	滇南栎类	0.0000595997840	1.8564005	0.98056206	44.655	3 146.156	78
天然	滇西北阔叶树	0.0000527507160	1.9450324	0.93885330	24.297	355.277	13
天然	怒江流域南亚热带阔叶树	0.0000527642910	1.8821611	1.00931660	58.305	4 374.501	80
天然	滇东南南亚热带阔叶树	0.0000527642910	1.8821611	1.00931660	37.222	737.584	17
天然	滇南南亚热带阔叶树	0.0000527642910	1.8821611	1.00931660	33.070	696.312	19
天然	滇中/滇东北南亚热带阔叶树	0.0000527642910	1.8821611	1.00931660	32.704	928.331	28
天然	桦木	0.0000489419110	2.0172708	0.88580889	53.213	2 841.531	53
人工	云南松	0.0000871510500	1.9544793	0.75583950	107.566	13 613.704	128
人工	华山松	0.0000735350200	2.0015694	0.78888350	23.677	667.080	31
人工	思茅松	0.0000755929000	1.9413100	0.82388000	12.876	157.087	14
人工	杉木	0.0000587770420	1.9699831	0.89646157	76.312	9 519.404	127

一元立木材积公式：$V = A \times D_{1.3}{}^{B} \times \left(a - \dfrac{b}{D_{1.3} + k} \right)^{C}$ （V 为单木材积；$D_{1.3}$ 为胸径）

附表二　云南省主要树种二元立木材积公式

起源	树种	A	B	C
天然	云南松	0.0000582901175	1.9796344	0.90715155
天然	华山松	0.0000599738390	1.8334312	1.02953150
天然	思茅松	0.0000515777140	1.9852180	0.92035096
天然	云杉	0.0000641161950	1.8374832	1.02806310
天然	冷杉	0.0000711712520	1.9327326	0.91161229
天然	高山松	0.0000612389220	2.0023969	0.85927542
天然	落叶松	0.0000683200000	1.7413600	1.11535000
天然	马尾松	0.0000623418030	1.8551497	0.95682492
天然	杉木、湿地松、国外松	0.0000587770420	1.9699831	0.89646157
天然	柳杉	0.0000562806690	1.8291040	1.05195643
天然	侧柏、圆柏、油杉、铁杉	0.0000571735910	1.8813305	0.99568845
天然	栎类、青冈	0.0000595997840	1.8564005	0.98056206
天然	高山栎	0.0000483466250	1.8905785	1.07694000
天然	滇西北阔叶树（除桦、栎类）	0.0000527507160	1.9450324	0.93885330

起源	树种	A	B	C
天然	南亚热带阔叶树（除桉树人工林）	0.0000527642910	1.8821611	1.00931660
天然	桦木	0.0000489419110	2.0172708	0.88580889
天然	桉树	0.0000795418130	1.9430935	0.73965335
人工	云南松	0.0000871510500	1.9544793	0.75583950
人工	华山松	0.0000735350200	2.0015694	0.78888350
人工	思茅松	0.0000755929000	1.9413100	0.82388000
人工	杉木、湿地松、国外松	0.0000587770420	1.9699831	0.89646157
人工	兰桉	0.0000748814000	1.8586000	0.86600000
人工	直杆桉	0.0001301580000	2.3140000	0.11110000
人工	赤桉	0.0000885470000	1.8123200	0.83159000

二元立木材积公式：$V = A \times D_{1.3}{}^{B} \times H^{C}$ （V 为单木材积；$D_{1.3}$ 为胸径；H 为树高）

附表三　云南省主要树种二元形高公式

起源	树种	A	B	C
天然	云南松、扭曲云南松、高山松	0.742172820	0.90715155	0.0203656
天然	华山松	0.763610635	1.02953150	0.1665688
天然	思茅松、马尾松、外来松	0.656707850	0.92035096	0.0147820
天然	云杉、紫杉	0.816352749	1.02806300	0.1625168
天然	冷杉、落叶松、大果红杉	0.906180525	0.91161230	0.0672674
天然	油杉、铁杉、柏类	0.727956770	0.99568845	0.1186695
天然	栎类、硬阔、壳斗科	0.758848031	0.98056206	0.1435995
天然	滇西北阔叶树	0.671642980	0.93885330	0.0549676
天然	南亚热带阔叶树	0.671815819	1.00931660	0.1178389
天然	桤木、桦木	0.623147765	0.88580889	−0.0172708
人工	云南松	1.109641607	0.75583295	0.0455207
人工	华山松	0.936276903	0.78888350	−0.0015694
人工	思茅松、马尾松、外来松	0.962478700	0.82388000	0.0586930
人工	杉木（天然按人工算）、柳杉、秃杉、水杉	1.011914640	0.91284379	0.1710456
人工	兰桉（之外桉均按兰桉算）	0.953430000	0.86600000	0.1414000
人工	直杆桉	1.657240000	0.11110000	−0.3140000
人工	赤桉	1.127423000	0.83159000	0.1877000

二元形高公式：$\mathrm{FH} = A \times H^{B} \div D_{1.3}{}^{C}$ （FH 为形高；$D_{1.3}$ 为胸径；H 为树高）

附表四 常用树高曲线方程

序号	方程名称	计算公式
1	双曲线方程	$H = a - \dfrac{b}{D + c}$
2	柯列尔方程	$H = 1.3 + aD^b e^{-cD}$
3	Goulding 方程	$H = 1.3 + \left(a + \dfrac{b}{D} \right)^{-2.5}$
4	Schumacher 方程	$H = 1.3 + ae^{-\frac{b}{D}}$
5	Wykoff 方程	$H = 1.3 + ae^{-\frac{b}{D+1}}$
6	Ratkowsky 方程	$H = 1.3 + ae^{-\frac{b}{D+c}}$
7	Hossfeld 方程	$H = 1.3 + \dfrac{a}{1 + bD^{-c}}$
8	Bates & Watts 方程	$H = 1.3 + \dfrac{aD}{b + D}$
9	Loetsh 方程	$H = 1.3 + \dfrac{D^2}{(a + bD)^2}$
10	Curtis 方程 1	$H = 1.3 + \dfrac{a}{(1 + D^{-1})^b}$
11	Curtis 方程 2	$H = 1.3 + \dfrac{D^2}{(a + bD + cD)^2}$
12	Yoshida 方程	$H = 1.3 + \dfrac{a}{1 + bD^{-c}} + d$
13	Ratkowsky & Reedy 方程	$H = 1.3 + \dfrac{a}{1 + bD^{-c}}$
14	Korf 方程	$H = 1.3 + ae^{-bD^{-c}}$
15	修正 Weibull 方程	$H = 1.3 + a\,(1 - e^{-bD^c})$
16	Logistic 方程	$H = 1.3 + \dfrac{a}{1 + be^{-cD}}$
17	Mitscherlich 方程	$H = 1.3 + a\,(1 - be^{-cD})$
18	Gompertz 方程	$H = 1.3 + ae^{-be^{-cD}}$
19	Richards 方程	$H = 1.3 + a\,(1 - e^{-cD})^b$
20	Sloboda 方程	$H = 1.3 + ae^{-be^{-cD^d}}$
21	Sibbesen 方程	$H = 1.3 + aD^{bD^{-c}}$

附表五 标准地调查记录表

_____县（市、区）_____乡（镇、场）_____村_____林班_____小班_____号标准地

调查员：_____   调查日期：_____

境界测量记录

测站	方位角	倾斜角	斜距	水平距	累计

闭合差：

标准地位置示意图

N
↑

基本因子调查表

1. 纵坐标	2. 横坐标	3. 海拔	4. 地类	5. 起源	6. 地权	7. 林权
8. 地貌	9. 坡度	10. 坡向	11. 坡位	12. 土壤类型	13. 土壤厚度	14. 腐殖质厚度
15. 林层	16. 可及度	17. 林种	18. 优势树种	19. 平均年龄	20. 龄组	21. 郁闭度
22. 平均胸径	23. 平均高	24. 每公顷蓄积	25. 每公顷株数	26. 散生木株数	27. 散生木蓄积	28. 枯木蓄积
29. 灌木名称	30. 灌木高度	31. 灌木盖度	32. 草本名称	33. 草本高度	34. 草本盖度	35. 竹林株数
36. 立地类型	37. 自然度	38. 林木生活力	39. 病虫害等级	40. 经营措施	41. 工程类别	42. 出材率

幼树幼苗调查表

序号	树种	株数	高度	年龄	备注	序号	树种	株数	高度	年龄	备注

每木调查记录表

标准地号_____ 样木总株数 = _____株 样木总材积 = _____m³ 每公顷蓄积 = _____m³

树号	测站	方位角（°）	水平距（m）	树种	胸径（cm）	东西冠幅（m）	南北冠幅（m）	单木材积（m³）

第　　页（共　　页）

附表六 角规控制检尺表

_____县（市、区）_____乡（镇、场）_____村_____林班_____小班_____号样地

优势树种_____ 平均胸径_____cm 平均高_____m

每公顷株数_____株/hm² 每公顷断面积_____m²/hm² 每公顷蓄积_____m³/hm²

一、角规控制检尺

径阶 (D_i)	计数木			单株断面积 (g_i)	单株材积 (M_i)	径阶形高 (FH_i)	径阶株数 (N_i)	径阶材积 (V_i)
	相割木 (x_i)	相切木 (y_i)	合计 (G_i)					
合计								

二、平均木调查

树号	树种	年龄	胸径 D_j	树高 H_j	东西冠幅	南北冠幅	平均冠幅	备注
1								
2								
3								
1								
2								
3								

调查员： 调查日期：

附表七　小班调查记录表

_____县（市、区）_____乡（镇、场）_____村_____林班_____小班

一、基本因子调查				
地类			优势树种：	
起源	□天然林 □人工林 □人工促进林		树种组成：	
林种			郁闭度：	
面积	hm²		平均年龄：	年
权属	地权：□国有 □集体		龄级：	
	林权：□国有 □集体 □个人 □其他		龄组：	
地形地势	海拔： ~ m	乔木层	平均胸径：	cm
	坡度： 度		平均高：	m
	坡向：		每公顷蓄积：	m³/hm²
	坡位：		每公顷株数：	株/hm²
土壤	土壤类型：		小班总蓄积：	m³
	土壤厚度： □厚 □中 □薄		小班总株数：	株
	腐殖质厚度： □厚 □中 □薄		出材率等级： Ⅰ Ⅱ Ⅲ	
立地类型			树种：	
林层	□单层林 □复层林	幼树幼苗	年龄：	年
灌木层	灌木种类：		高度：	m
	灌木高度： m		每公顷株数：	株/hm²
	灌木盖度：	散生木	小班总株数：	株
	分布格局：□单株 □集群 □均匀		小班总蓄积：	m³
草本层	草本种类：	四旁树	小班总株数：	株
	草本高度： m		小班总蓄积：	m³
	草本盖度：	经营措施		
可及度	□即可及 □将可及 □不可及	自然度	Ⅰ Ⅱ Ⅲ	

二、角规点绕测				
角规点号	相割木（x_i）	相切木（y_i）	每公顷断面积（G_i）	形高（FH）	每公顷蓄积（V_i）
1					
2					
3					
4					
5					

调查员：　　　　　　　　　　　　　　　　　　调查日期：

主要参考文献

邓华锋，杨华，程琳，等.森林经营规划［M］.北京：科学出版社，2012.

高岚，王富炜，李道和.森林资源评价理论与方法研究［M］.北京：中国林业出版社，2006.

亢新刚.森林经理学［M］.4版.北京：中国林业出版社，2011.

李凤日.测树学［M］.4版.北京：中国林业出版社，2019.

李海奎，雷渊才.中国森林植被生物量和碳储量评估［M］.北京：中国林业出版社，2010.

孟宪宇.测树学［M］.3版.北京：中国林业出版社，2006.

仇琪.北京市森林资源价值评价与方法研究［D］.北京林业大学，2013.

唐守正.多元统计分析方法［M］.北京：中国林业出版社，1986.

王巨斌.森林经理学［M］.北京：中国科学技术出版社，2011.

王俊峰.测树学与森林经理学实验实习指导［M］.昆明：云南教育出版社，2016.

于政中.森林经理学［M］.2版.北京：中国林业出版社，1993.

于政中.数量森林经理学［M］.北京：中国林业出版社，1995.

张超，杨思林.林业无人机遥感［M］.北京：中国林业出版社，2022.

张会儒.森林经理学研究方法与实践［M］.北京：科学出版社，2018.

赵晓云，赖家明.森林计测［M］.北京：中国林业出版社，2016.

本书依据的国家标准和行业规范

GB/T 26424-2010，森林资源规划设计调查技术规程［S］.

GB/T 38590-2020，森林资源连续清查技术规程［S］.

LY/T 1721-2008，森林生态系统服务功能评估规范［S］.

LY/T 1821-2009，林业地图图式［S］.

LY/T 2007-2012，森林经营方案编制与实施规范［S］.

LY/T 2008-2012，简明森林经营方案编制技术规程［S］.

郑重声明

高等教育出版社依法对本书享有专有出版权。任何未经许可的复制、销售行为均违反《中华人民共和国著作权法》，其行为人将承担相应的民事责任和行政责任；构成犯罪的，将被依法追究刑事责任。为了维护市场秩序，保护读者的合法权益，避免读者误用盗版书造成不良后果，我社将配合行政执法部门和司法机关对违法犯罪的单位和个人进行严厉打击。社会各界人士如发现上述侵权行为，希望及时举报，我社将奖励举报有功人员。

反盗版举报电话　(010) 58581999　58582371

反盗版举报邮箱　dd@hep.com.cn

通信地址　北京市西城区德外大街4号　高等教育出版社法律事务部

邮政编码　100120

读者意见反馈

为收集对教材的意见建议，进一步完善教材编写并做好服务工作，读者可将对本教材的意见建议通过如下渠道反馈至我社。

咨询电话　400-810-0598

反馈邮箱　gjdzfwb@pub.hep.cn

通信地址　北京市朝阳区惠新东街4号富盛大厦1座　高等教育出版社总编辑办公室

邮政编码　100029

防伪查询说明

用户购书后刮开封底防伪涂层，使用手机微信等软件扫描二维码，会跳转至防伪查询网页，获得所购图书详细信息。

防伪客服电话　(010) 58582300